Bewertung von Prozessoptimierungsmethoden auf dem Shopfloor einer Serienmontage

Evaluation of Process Optimization Methods on the Shop Floor of a Serial Assembly

Von der Fakultät für Maschinenwesen
der Rheinisch-Westfälischen Technischen Hochschule Aachen
zur Erlangung des akademischen Grades eines
Doktors der Ingenieurwissenschaften
genehmigte Dissertation

vorgelegt von

Patrick Pötters

Berichter:

Univ.-Prof. Dr.-Ing. Robert Heinrich Schmitt
Univ.-Prof. Dr.-Ing. Verena Nitsch

Tag der mündlichen Prüfung: 15. November 2019

ERGEBNISSE AUS DER PRODUKTIONSTECHNIK

Patrick Pötters

Bewertung von Prozessoptimierungsmethoden auf dem Shopfloor einer Serienmontage

Herausgeber:
Prof. Dr.-Ing. T. Bergs
Prof. Dr.-Ing. Dipl.-Wirt. Ing. G. Schuh
Prof. Dr.-Ing. C. Brecher
Prof. Dr.-Ing. R. H. Schmitt

Band 52/2019

WZL | RWTH AACHEN UNIVERSITY

Fraunhofer IPT

Bibliografische Information der Deutschen Nationalbibliothek
Die Deutsche Nationalbibliothek verzeichnet diese Publikation in der Deutschen Nationalbibliografie; detaillierte bibliografische Daten sind im Internet über https://portal.dnb.de abrufbar.

Patrick Pötters:

Bewertung von Prozessoptimierungsmethoden auf dem Shopfloor einer Serienmontage

1. Auflage, 2020

Gedruckt auf holz- und säurefreiem Papier, 100% chlorfrei gebleicht.

Apprimus Verlag, Aachen, 2020
Wissenschaftsverlag des Instituts für Industriekommunikation und Fachmedien
an der RWTH Aachen
Steinbachstr. 25, 52074 Aachen
Internet: www.apprimus-verlag.de, E-Mail: info@apprimus-verlag.de

Druck: KN Digital Printforce GmbH, Stuttgart

ISBN 978-3-86359-807-5

D 82 (Diss. RWTH Aachen University, 2019)

Vorwort

Die vorliegende Forschungsarbeit entstand während meiner Zeit als Gruppenleiter der Forschungsgruppe Produktionsmanagement & Business Excellence sowie Dozent an der Hochschule Koblenz.

Mein besonderer Dank gilt Herrn Prof. Dr.-Ing. Robert Schmitt, Inhaber des Lehrstuhls Fertigungsmesstechnik und Qualitätsmanagement am Laboratorium für Werkzeugmaschinen (WZL) der RWTH Aachen, der mir durch eine Forschungskooperation mit der Hochschule Koblenz die Möglichkeit gab, zu promovieren. Den Fortgang meiner Arbeit hat er stets mit konstruktiven Hinweisen gefördert. Auch Herrn Dr.-Ing. Björn Falk, ehemaliger Oberingenieur am WZL, möchte ich für sein fachliches Mitwirken an der Arbeit vielmals danken. Die Gespräche mit ihm gaben mir den notwendigen Input, der zum Entstehen dieser Arbeit stark beitrug. Ebenso danke ich Frau Prof. Dr-Ing. Verena Nitsch für die Übernahme der Rolle als zweite Berichterin.

Herrn Prof. Dr. Bert Leyendecker, Forschungsprofessor an der Hochschule Koblenz, gilt an dieser Stelle ein erheblicher Dank. Durch ihn hatte ich die Möglichkeit, die Kooperation zwischen der RWTH Aachen und der Hochschule Koblenz aktiv mitzugestalten. Vielen Dank für das wunderbare Mentoring und die gute Zusammenarbeit!

Zudem möchte ich mich bei den Mitarbeitern in der Abteilung Qualitätsmanagement am WZL bedanken. Hier möchte ich insbesondere Herrn Maximilian Rüssmann erwähnen, der mich bei Fragen jederzeit unterstützte und mich in die Abteilung integrierte. Meinen Kolleginnen und Kollegen in der Forschungsgruppe an der Hochschule Koblenz, insbesondere Frau Jasmin Ohlig, Frau Kristin Wagner und Herrn Moritz Kuberg, gilt es ebenfalls Danke zu sagen. Auch den Studierenden, die mich in den letzten Semestern bei der Datenaufnahme unterstützten, danke ich vielmals.

Zu guter Letzt möchte ich mich bei meiner Familie und vor allem bei meiner Lebensgefährtin Katharina für die Unterstützung durch großes Verständnis und Vertrauen während der Anfertigung der Dissertation bedanken.

Zusammenfassung

Gegenstand der vorliegenden Arbeit ist die Untersuchung der Wirksamkeit von Prozessoptimierungsmethoden zur kontinuierlichen Verbesserung von Unternehmensprozessen. Aufgrund von schwankenden Markt- und Kundenanforderungen sind Unternehmen zur stetigen Optimierung ihrer Prozesse gezwungen. Ausschließlich durch eine Adaption der Prozesse an das unternehmerische Umfeld ist es möglich, erfolgreich auf dem Markt zu bestehen. Für diese Herausforderung existieren in der Literatur und Praxis zahlreiche Prozessoptimierungsmethoden, die zur Verbesserung der Prozesse beitragen sollen. Doch zur Auswahl der für die Zielsetzung geeigneten Methode sowie über die Größe des einzutretenden Effektes liegen wenige Anhaltspunkte vor. Die Auswirkungen der einzelnen Methoden sind somit häufig unbekannt. *Ziel* ist es daher, die Effektivität und die Auswahl von Optimierungsmethoden innerhalb eines experimentellen Umfelds zu untersuchen. *Methodisch* wird sich zur Zielerreichung nach dem anwendungsorientierten Forschungsprozess nach ULRICH gerichtet. Nach einer eingehenden Literaturrecherche der Objektbereiche Produktion, Produktionssystem, Prozessoptimierungsmethoden und Qualitätskonzepte sowie der Vorstellung des aktuellen Forschungsstandes wird der Untersuchungsbereich der Arbeit abgeleitet. Basierend auf den vorgestellten Forschungsarbeiten sowie durchgeführten Studien, ergeben sich die Anforderungen an die experimentelle Vorgehensweise zur Untersuchung der Effektivität von Prozessoptimierungsmethoden. Die aus Voruntersuchungen ermittelten Methoden werden anhand eines entwickelten Planspiels in einer Serienmontage systematisch angewendet und mittels der statistischen Versuchsplanung (engl. Design of Experiments) unter Anwendung des vollfaktoriellen Ansatzes analysiert. Die Vorgehensweise zur Planung, Durchführung und Analyse des Experimentes orientiert sich dabei an den Schritten zum Experiment-Design nach MONTGOMERY.

Als *Ergebnis* werden quantitative Resultate über die Effektivität von Optimierungsmethoden sowie deren Kombinationen in einer Serienmontage durch die Anwendung eines Planspiels generiert. Betrachtet wurden die Prozessoptimierungsmethoden Standard-Arbeitsblatt, Kanban, 5S und Poka Yoke sowie deren Auswirkungen auf die Key Performance Indicators (KPI) Lagerwert, Durchlaufzeit, Nacharbeit, Output und Termintreue. Der Einsatz der Prozessoptimierungsmethoden führt zu einer Verbesserung der ausgewählten KPIs. Dabei ist auffällig, dass lediglich bei dem KPI ‚Lagerwert‘ die Kanban Methode eine stark positive Auswirkung zeigt. Für die weiteren KPIs ist insbesondere ein positiver Einfluss durch die Anwendung der Poka Yoke Methode erkennbar. Eine Verkürzung der DLZ und eine Reduzierung der Fehleranzahl führen nicht nur zu Steigerungen der KPIs ‚Durchlaufzeit‘ und ‚Nacharbeit‘, sondern aufgrund einer geringeren Durchlaufzeit auch zu einer Erhöhung des Outputs und der Einhaltung der Termintreue. Häufig wird in der Praxis eine gleichzeitige Optimierung aller KPIs gefordert. Das hierzu entwickelte multiple Regressionsmodell führt zu dem Ergebnis, dass bei dieser Zielsetzung der Einsatz aller Prozessoptimierungsmethoden erfolgsversprechend ist.

Summary

The *subject* of the work presented is the continuous improvement of business processes. Based on the changing market- and customer requirements, companies are forced to constantly optimize their processes. Only by adapting the processes to the business environment, is it possible to be successful in the market. To fulfill this challenge, many process optimization methods exist in literature and in practice, which should contribute to an improvement of the processes. However, there is little evidence for choosing the appropriate method to fulfill the objective and about the size of the effect to be achieved. The effects of the methods are thus often unknown. Therefore, the *aim* is to investigate the effectiveness of optimization methods within an experimental environment.

Methodically, the goal achievement is oriented on the application-oriented research process according to Ulrich. The area of investigation of the work is derived after an in-depth literature research about the object areas production, production system, process optimization methods and quality concepts as well as the presentation of the current state of research. The requirements for the experimental procedure for investigating the effectiveness of process optimization methods arise based on the presented research and the independently conducted studies. The methods determined from previous investigations are systematically applied within a developed business game in a series assembly. The methods are analyzed by means of design of experiments using the full-factorial approach. The approach for planning, execution and analyzes of the experiment is based on the steps about experiment design according to Montgomery.

As a *result*, quantitative results about the effectiveness of optimization methods as well as their combinations in a series assembly are generated by the application of a business game.

The following optimization methods were considered: standard worksheet, Kanban, 5S and Poka Yoke as well as their effects on the target sizes stock value, lead time, number of reworks, output and time adherence. Using process optimization methods leads to an improvement of the selected KPIs. It is noticeable that only for improving the KPI 'stock value' the Kanban method shows a strong positive effect. For the other KPIs a high effect is noticeable especially by application of Poka Yoke. The improvements generated by Poka Yoka arise from interrelations. Thus, shortening the lead times and reducing the number of reworks not only leads to an increase of the KPIs 'lead time' and 'number of reworks', but also to an increase in output and on-time delivery due to shorter lead times. Frequently, a simultaneous optimization of all KPIs is required in practice.

It can be concluded by using the multiple model that the use of all process optimization methods is promising for this. The business simulation reduces the complexity of real production systems. Crucial knowledge about the effectiveness of optimization methods is achieved and the research goal achieved.

Inhaltsverzeichnis

Abkürzungsverzeichnis

%	Prozent
6σ	Six Sigma
ANOVA	Analysis Of Variance
Aufl.	Auflage
bspw.	beispielsweise
bzw.	beziehungsweise
ca.	circa
d	Erwünschtheitsmaß
D	Gesamterwünschtheitsmaß
d. h.	das heißt
DMAIC	Define, Measure, Analyse, Improve, Control
DIN	Deutsches Institut für Normung
DLZ	Durchlaufzeit
DoE	Design of Experiments
ebd.	ebenda
engl.	englisch
etc.	et cetera
et al.	et alii (und andere)
f.	folgende
ff.	fortfolgende
FMEA	Failure Mode and Effects Analysis
ggf.	gegebenenfalls
GPS	Ganzheitliche Produktionssysteme
Haupteff.	Haupteffekt
Hrsg.	Herausgeber
i. A. a.	in Anlehnung an
IMVP	International Motor Vehicle Program

ISO	International Organization for Standardization
K	Kosten
KI	Konfidenzintervall
KPI(s)	Key Performance Indicator(s)
LKW	Lastkraftwagen
Min.	Minute(n)
MIT	Massachusetts Institute of Technologie
MNPS	MAN-Nutzfahrzeuge-Produktionssystem
o. J.	ohne Jahresangabe
OEM	Original Equipment Manufacturer
OFAT	One-factor-at-a-time
PDCA	Plan-Do-Act-Check
PI	Prognoseintervall
Q	Qualität
QFD	Quality Function Deployment
RWTH	Rheinisch-Westfälische Technische Hochschule
S.	Seite
s.	siehe
SAB	Standardarbeitsblatt
SE	Standardfehler der Anpassung
SMED	Single Minute Exchange of Die
SPC	Statistical Process Control
TPS	Toyota-Produktionssystem
TQM	Total-Quality-Management
u. a.	unter anderem
vs.	versus
VDI	Verein Deutscher Ingenieure
Vgl.	Vergleiche
VSM	Value Stream Mapping

WZL	Werkzeugmaschinenlabor
Z	Zeit
z. B.	zum Beispiel
zw.	zwischen

Abbildungsverzeichnis

Tabellenverzeichnis

1 Einleitung und Motivation

Produktionsunternehmen agieren innerhalb eines komplexen Umfelds aus verschiedenen Einflussfaktoren und Rahmenbedingungen. Es besteht ein ständiger und fortschreitender Wandel auf wirtschaftlicher, politischer, technischer und ökologischer Ebene. Begründet durch diese hohe Volatilität und Dynamik in vielen Bereichen müssen sich Produktionsunternehmen mit einer Vielzahl externer und interner Herausforderungen auseinandersetzen (siehe Bild 1.1).

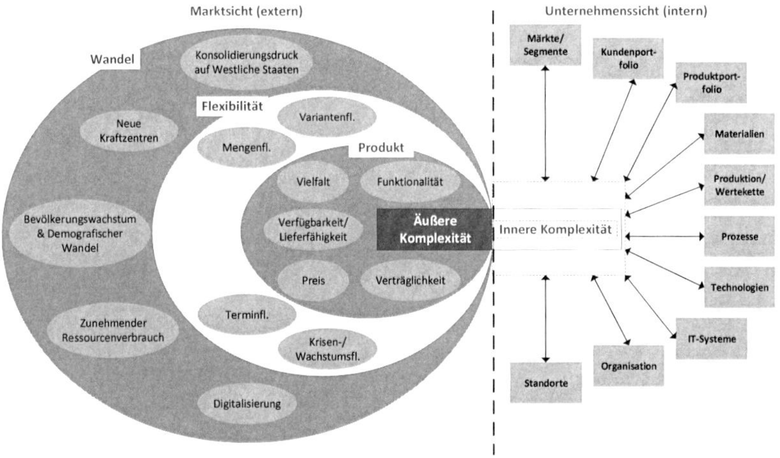

Bild 1.1: Herausforderungen an Unternehmen[1]

Diese Herausforderungen bilden ein Spannungsfeld. Um in diesem Spannungsfeld wettbewerbsfähig zu sein, müssen Unternehmen sich permanent verbessern und anpassen.[2] Neben den Größen Kosten (K) und Qualität (Q) muss der Größe Zeit (Z), insbesondere in Form der Durchlaufzeit (DLZ), hohe Beachtung gegeben werden. Denn durch eine nähere Analyse der Zeitanteile in einem Produktionsprozess ergeben sich oftmals zahlreiche Optimierungspotentiale.[3] Des Weiteren ist eine Erhöhung der Flexibilität und Transparenz der Wertschöpfungsnetzwerke vonnöten.[4] STALK, EVANS und SHULMAN (1992) verdeutlichen den Wandel von einer statischen zu einer dynamischen Wirtschaft.[5] Eine kontinuierliche Verbesserung der eigenen Prozesse ist gefordert,[6] um weiterhin auf dem dynamischen Weltmarkt wettbewerbsfähig zu bleiben.[7] Um

---

[1] Eigene Abbildung i. A. a. Bauernhansl (2014): S. 37.
[2] Vgl. Dreher et al. (1995): S. 1.
[3] Vgl. Kletti, Schumacher (2014): S. 4.
[4] Vgl. Forstner, Dümmler (2014): S. 199 und vgl. Kletti, Schumacher (2014): S. 5.
[5] Vgl. Stalk et al. (1992): S. 62.
[6] Vgl. Gibbons, Burgess (2010): S. 134.
[7] Vgl. Allweyer (2005): S. 7.

diesen dynamischen Anforderungen gewachsen zu sein, ist ein Lösungsansatz die Optimierung von Produktionssystemen[8]. Ziel ist die Erfüllung der vom Wettbewerb geforderten Effektivität und Effizienz.[9]

Im Rahmen der schrittweisen Verbesserung von Prozessen wird von einer evolutionären Prozessoptimierung gesprochen.[10] Diese ist gekennzeichnet durch sukzessive Verbesserungen im operativen Tagesgeschäft. Als ein Konzept für diesen kontinuierlichen Verbesserungsprozess kann die japanische Philosophie ‚Kaizen', übersetzt ‚die Veränderung zum Guten', betrachtet werden.[11] Zentrales Merkmal von Kaizen ist die Verbesserung bestehender Prozesse.

Dabei bildet diese Philosophie die Grundlage vieler heutiger Produktionssysteme, wie z.B. das *Toyota-Produktionssystem* (TPS). Auf internationaler Ebene wurde das TPS durch eine Studie des Massachusetts Institute of Technology (MIT) von den Autoren WOMACK, JONES und ROOS (1990) unter dem Begriff *Lean Production* bekannt.[12] Darauf aufbauend wurde Anfang der 1990er-Jahre in der Bundesrepublik Deutschland eine Methodensammlung namens *Ganzheitliche Produktionssysteme* (GPS) begründet.[13] Ziele dieser Produktionssysteme sind primär die Reduzierung von Verschwendungen und eine kontinuierliche Prozessverbesserung durch die Anwendung von Optimierungsmethoden.[14] Die MAN Truck & Bus AG entwickelte zum Beispiel speziell für ihre Bedürfnisse das MAN-Nutzfahrzeuge-Produktionssystem (MNPS). Sie konnte dadurch erhebliche Verbesserung erzielen sowie die Wirtschaftlichkeit der Produktion sicherstellen.[15] Daneben existieren weitere Ansätze zur Prozessoptimierung, u. a. Six Sigma und Total-Quality-Management (TQM).[16]

1.1 Problemstellung

Die Auswahl geeigneter Optimierungsmethoden und deren zielgerichtete Ausrichtung stellt für Unternehmen eine Hürde dar.[17] Die Effektivität von Optimierungsmethoden lässt sich nur schwer abschätzen.[18] Auch erfahrene Prozessoptimierungsexperten können häufig lediglich auf ihre Erfahrung zurückgreifen.[19] PETER (2009) griff diese Herausforderung auf und entwickelte ein Software-Simulationsmodell zur Bestimmung und Bewertung der Effektivität von Lean-Methoden(-Kombinationen) innerhalb eines Produktionssystems (Kleinserienproduktion).[20]

---

[8] Vgl. Dombrowski, Mielke (2015): S. V.
[9] Vgl. Dombrowski (2015): S. 1.
[10] Vgl. Pohanka (2010): S. 22 f.
[11] Vgl. Gorecki, Pautsch (2013): S. 32.
[12] Vgl. Womack et al. (1990): S. 4.
[13] Vgl. VDI 2870-2 (2013): S. 2.
[14] Vgl. Santos et al. (2006): S. 7 f.
[15] Vgl. Engelhorn, Springer (2005): S. 28 ff.
[16] Vgl. Fiedler, Gräf (2012): S. 290 ff.
[17] Vgl. Lay, Neuhaus (2005): S. 33 f. und S. 45.
[18] Vgl. Dombrowski, Crespo (2008): S. 997 ff.
[19] Vgl. Baumgärter (2006): S. 3ff.
[20] Vgl. Peter (2009): S. 153 f.

Nach LAY, DREHER und KINKEL (1996) bietet eine Kombination von Produktionskonzepten höhere Erfolge als Einzellösungen.[21] Diesen Aspekt untersuchten LAGROSEN und LAGROSEN (2005) mittels quantitativer Umfragen hinsichtlich verschiedener Methoden (Quality Function Deployment (QFD), Poka Yoke und statistischer Versuchsplanung (engl. Design of Experiments (DoE)) und bestätigten, dass Korrelationen von Methoden in Unternehmen zur Steigerung der Kunden- und Prozessorientierung sowie zur kontinuierlichen Verbesserung beitragen können.[22] Die Autoren BELLMANN und MEYER (2015) verdeutlichen auch, dass zur langfristigen Sicherung und Steigerung der Konkurrenzfähigkeit Wechselwirkungen zwischen Methoden zu beachten sind.[23]

Zur Lösung des beschriebenen Praxisproblems gilt es innerhalb dieser Arbeit einen geeigneten Ansatz zur Auswahl von Prozessoptimierungsmethoden innerhalb der Produktion zu entwickeln. Um sich diesen zu nähern, gibt es in der Literatur eine wissenschaftlich anerkannte Methodik – das Planspiel.[24] Darüber hinaus bilden Planspiele kosten- und aufwandsarme Rahmenbedingungen ab und zeigen unterschiedliche Mitarbeiterkompetenzen.[25] CROOKALL (2010) beschreibt diese auch als Werkzeug für Organisationen zur Steigerung der Wettbewerbsfähigkeit.[26] Diese Eigenschaft ermöglicht die Erschaffung eines Betrachtungsraums zur Abbildung eines experimentellen Produktionssystems.

Zur Durchführung von Experimenten und Untersuchung von Effekten werden in der Fachliteratur verschiedene Methoden beschrieben. An dieser Stelle sind folgende verbreitete Ansätze zu nennen: die Trial and Error Methode, die One-Factor-at-a-Time (OFAT) Methode sowie die DoE.[27] Im weiteren Verlauf dieser Arbeit wird eine geeignete Vorgehensweise zur Untersuchung der Problemstellung diskutiert und ausgewählt.

1.2 Zielsetzung der Arbeit

Ziel dieser Arbeit ist es, die Effektivität ausgewählter Prozessoptimierungsmethoden in einer Serienmontage innerhalb des experimentellen Umfelds (Planspiel) zu messen und einen validierten Ansatz zur Methodenauswahl zu generieren. Effektivität beschreibt dabei im Allgemeinen den Grad der Zielerreichung („das Richtige machen").[28] Übertragen auf das beschriebene Praxisproblem – die Auswahl geeigneter Optimierungsansätze – ist im Rahmen dieser Arbeit nachzuweisen, welcher Ansatz zu einer Verbesserung der Größen Zeit, Qualität und/oder Kosten führt.

---

[21] Vgl. Lay et al. (1996): S. 4.
[22] Vgl. Lagrosen, Lagrosen (2005): S. 949.
[23] Vgl. Bellmann, Meyer (2015): S. 346 f.
[24] Vgl. Duke (1996) und vgl. Kriz (2009): S. 559.
[25] Vgl. Backlund et al. (2007): S. 1.
[26] Vgl. Crookall (2010): S. 905.
[27] Vgl. Kleppmann (2014): S. 503.
[28] Becker (2008): S. 12 und vgl. Bär, Purtschert (2014): S. 255.

Daraus ergibt sich die folgende leitende Forschungsfrage:

„Kann die Effektivität von ausgewählten Prozessoptimierungsmethoden modellhaft gemessen und validiert werden?“

Der Schwerpunkt liegt dabei auf der Zuordnung von Effekten einzelner Methoden sowie von Wechselwirkungen verschiedener Methodenkombinationen. Dabei wird auf die Veränderung der Leistungsfähigkeit des betrachteten Produktionsprozesses eingegangen. Das Ergebnis kann als Auswahlhilfe hinsichtlich der betrachteten Prozessoptimierungsmethoden in einer Serienmontage fungieren. Abschließend ist ein Prognosemodell anzuwenden, um Potenziale einer Effektivitätssteigerung aufzuzeigen.

1.3 Spezifizierung des Untersuchungsbereichs

Die Vielzahl an unterschiedlichen Produktionssystemen, deren unterschiedliche Ausprägung zur Gestaltung von Wertschöpfungsketten und die Auswahl geeigneter Optimierungsansätze zur Steigerung der Effektivität von Produktionsprozessen umspannen ein umfassendes Betrachtungsfeld. Basierend auf diesem Ausgangspunkt ist eine Eingrenzung des Untersuchungsbereichs für den Rahmen dieser Arbeit erforderlich.

Die Fertigungsstruktur eines Produktionsunternehmens wird durch das Bestreben der Erfüllung von Kundenanforderungen bestimmt. Daraus resultieren die eingesetzte Fertigungsart (auch als Fertigungstyp bezeichnet) und das Fertigungsprinzip.[29] Der Fertigungstyp beschreibt die Anzahl an Replikationen eines Produktionsprozesses.[30] Als Typen können im Allgemeinen die Einzel-, Serien- und Massenfertigung genannt werden.[31] Die Fertigungsprinzipien lassen sich in das Baustellen-, Werkstatt-, Gruppen- und Fließprinzip unterteilen.[32] Diese Fertigungsstrukturen können zu komplexen Wertschöpfungsketten führen. Insbesondere gilt die Montage als letztes Glied der Wertschöpfung und auch als mitarbeiterintensivster Bereich eines Produktionssystems.[33] Besonders Montagemitarbeiter werden in einem System auch mit der Verbesserung von Montageprozessen konfrontiert. Ohne die kontinuierliche Verbesserung der eigenen Arbeitsschritte kann z.B. keine nachhaltige Steigerung der Produktivität ausgelöst werden.[34] Aus diesen Gründen ergibt sich für die vorliegende Arbeit eine Eingrenzung auf die Montage, insbesondere auf die Serienmontage im Fließprinzip.

Die Effektivität und die Wirkzusammenhänge der Prozessoptimierungsmethoden werden mittels der Verwendung eines experimentellen Umfelds in Form eines Modells als Abbild eines Produktionssystems überprüft.

---

[29] Vgl. Eversheim (1996): S. 168.
[30] Vgl. Brankamp (1977)
[31] Vgl. Günther, Tempelmeier (2012): S. 10.
[32] Vgl. Grabner (2017): S. 184 ff.
[33] Vgl. Reinhart et al. (2008).
[34] Vgl. Wiesbeck (2014): S. 3.

1.4 Wissenschaftliche Positionierung und Forschungskonzeption

Zur Bearbeitung der beschriebenen Problemstellung und des beschriebenen Untersuchungsbereichs bedarf es zunächst einer Positionierung der Arbeit im wissenschaftlichen Umfeld. Diese orientiert sich an der Wissenschaftssystematik nach ULRICH und HILL (1979). Die Wissenschaft kann gemäß diesem Ansatz in Formal- und Realwissenschaften kategorisiert werden. Die Realwissenschaften beschäftigen sich mit der Erläuterung, Darlegung und Gestaltung empirisch wahrnehmbarer Ausschnitte aus der Wirklichkeit. Sie zielen auf die Untersuchung von theoretischen und praktischen Wissenschaftszielen ab. Formalwissenschaften – ‚reine' Grundlagenwissenschaft – dienen der Erklärung und Prognostizierung von Wirklichkeitsausschnitten. Die angewandten Handlungswissenschaften zielen dabei eher auf die Ableitung von Handlungsanweisungen ab. Diese umfassen die Ingenieurwissenschaften und die Betriebswirtschaftslehre.[35]

Begründet durch das beschriebene Praxisproblem, die Betrachtung eines technischen Produktionssystems und der Prozessoptimierungsmethoden kann die vorliegende Arbeit den angewandten Handlungswissenschaften zugeordnet werden. Bild 1.2 veranschaulicht diesen Zusammenhang.

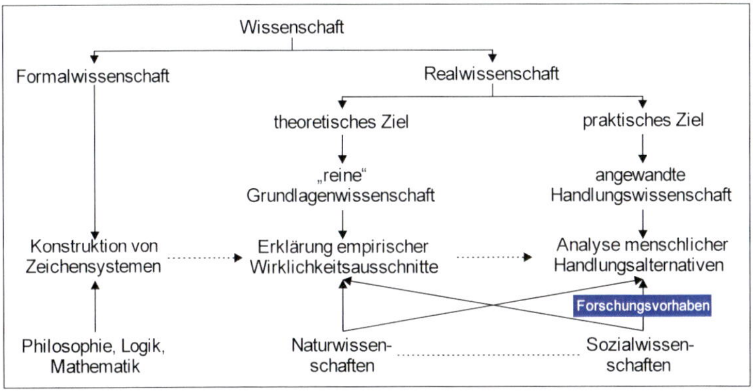

Bild 1.2: Wissenschaftssystem[36]

Im Anschluss an die wissenschaftliche Zuordnung erfolgt zunächst die Beschreibung der Erkenntnisperspektive. Unter diesem Begriff wird das Vorgehen zur Erkenntnisgewinnung verstanden. Als Basis der Forschung bzw. als Paradigmen stehen die Ansätze von GUTENBERG (faktortheoretischer Ansatz), HEINEN (entscheidungsorientierter Ansatz) und ULRICH (systemtheoretischer Ansatz) zur Wahl.[37] Begründet durch die

[35] Vgl. Ulrich, Hill (1979): S. 161 ff.
[36] Eigene Abbildung i. A. a. Ulrich, Hill (1979): S. 163.
[37] Vgl. Ulrich, Hill (1979): S. 169 ff.

Nähe dieser Arbeit zu den Ingenieurwissenschaften und die praktische Relevanz des Ergebnisses ist der Ansatz nach ULRICH und HILL (1979) zu wählen.[38]

Nach Erläuterung der Erkenntnisperspektive erfolgt nun die Festlegung der Forschungsmethodologie. Nach POPPER (1969) liegt der Ausgangspunkt dabei nicht in der Datenanalyse, sondern in der Erfassung und Analyse von Problemen.[39] Dabei zielen die angewandten Handlungswissenschaften auf Ergebnisse ab, die in der Praxis genutzt werden können (vgl. Bild 1.2). Für diese Art der Problemstellung innerhalb der Handlungswissenschaften ist ein explorativer Ansatz entwickelt worden, der nicht nur auf eine hypothesenüberprüfende Funktion begrenzt ist. I. A. a. KUBICEK (1977) und TOMCZAK (1992) ist dieser Ansatz in Bild 1.3 veranschaulicht.[40]

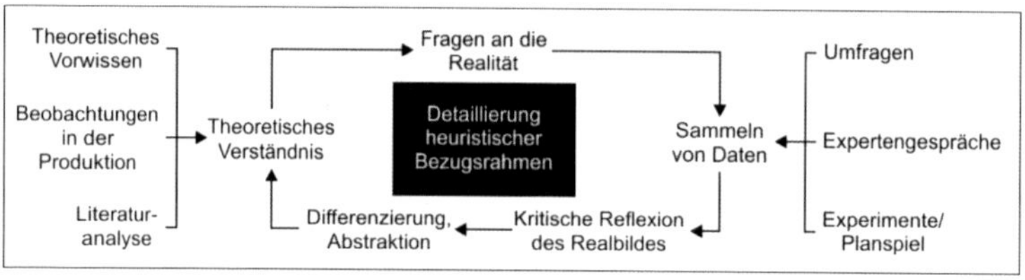

Bild 1.3: Forschungsmethodisches Vorgehen[41]

Der heuristische Bezugsrahmen wurde gemäß dem beschriebenen Praxisproblem (s. Kapitel 1.1) erstellt und bildet den Kern des Forschungsprozesses ab. Ausgangspunkt ist dabei ein Problem, das sich aus der *„Identifizierung der relevanten Größen [...], der relevanten Beziehungen [...] [und] der relevanten Mechanismen [...].“*[42] ergibt.[43] In Bild 1.4 ist der für diese Arbeit betrachtete heuristische Bezugsrahmen abgebildet. Das Produkt (Spielzeug Lastkraftwagen (LKW)) bildet dabei den Ausgangspunkt und steht in direkter Verbindung mit dem Prozess. Dieser bestimmt die Rahmenbedingungen der Serienmontage und die Anforderungen an die ausgewählten Optimierungsmethoden. Beide stehen wiederum in direkter Wirkbeziehung zueinander und interagieren mit den Leistungskennzahlen (engl. Key Performance Indicators, KPIs, s. die Auswahl in Kapitel 4.2.6 Beschreibung ausgewählter KPIs). KPIs fokussieren sich ausschließlich auf den Erfolg auswirkende Sachverhalte. Die Messung von KPIs liefert somit einen hohen Informationsgehalt bezüglich des zukünftigen Unternehmenserfolges.[44] Ziel ist es, durch die Effektivität der Prozessoptimierungsmethoden und die zielorientierte Erfüllung der Serienmontage die KPIs des Prozesses zu beherrschen und positiv zu entwickeln.

---

[38] Vgl. Ulrich, Hill (1979): S. 172.
[39] Vgl. Popper (1969): S. 104.
[40] Vgl. Kubicek (1977) und vgl. Tomczak (1992).
[41] Eigene Abbildung i. A. a. Kubicek (1977): S. 13 f. und Tomczak (1992): S. 83.
[42] Nussbaum (2011): S.10.
[43] Vgl. ebd.
[44] Vgl. Deimel, Heupel, Wiltinger (2013): S. 395.

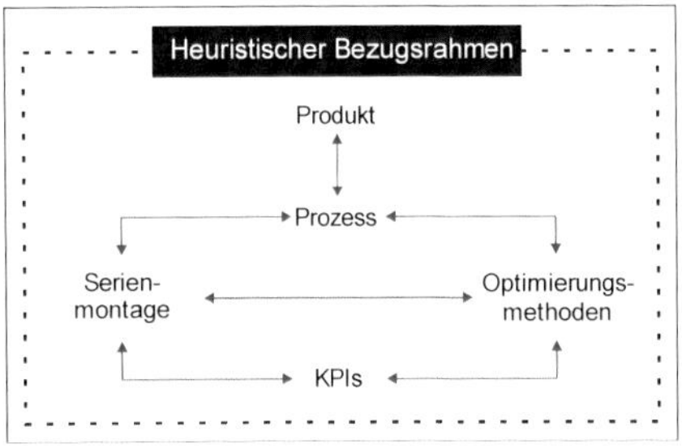

Bild 1.4: Heuristischer Bezugsrahmen

An dieser Stelle werden zur notwendigen Detaillierung die Objekte ‚Serienmontage', ‚Prozess' und ‚Optimierungsmethoden' innerhalb des heuristischen Bezugsrahmens für den Umfang dieser Arbeit definiert.

1.4.1 Serienmontage

Die Montage ist definiert als das Zusammenfügen von einzelnen Elementen oder Modulen zu höherwertigen Baugruppen oder einem fertigen Erzeugnis.[45] Das Montieren leistet einen erheblichen Beitrag zur Wertschöpfung der gesamten Produktion und bedarf daher einer hohen Sorgfalt bei der Gestaltung der Montageprozesse.[46] Dieses Tätigkeitsfeld wird einerseits geprägt durch hohe Personalintensivität und andererseits durch gleichartige Arbeitsabläufe.[47] Insbesondere in der Fließfertigung kommt es hierdurch zu einer hohen Monotonie.[48] Daraus folgt, dass häufig bis zu 50 % der Herstellkosten in der Montage entstehen.[49] Innerhalb einer Fließfertigung – im Gegensatz zur Werkstattfertigung – sind Betriebsmittel gemäß dem technischen[50] Produktionsablauf in Fertigungslinien angeordnet.[51] ERLACH (2010) definiert es als Arbeitsvorgangsfolge von Prozessschritten, die in Summe einen Produktionsprozess bilden.[52] Meist sind diese taktmäßig aufeinander abgestimmt, wodurch sehr kurze Durchlaufzeiten erzielt werden können.[53] Innerhalb einer Serienfertigung werden verschiedene Produkte in begrenzten Stückzahlen – einer sogenannten Serie – hergestellt.[54] Diese Begrenzung der Auflagenhöhe differenziert die Serienfertigung von der Massenfertigung (unendliche Stückzahl) und der Einzelfertigung (Stückzahl eins).[55] Hieraus kann für diese Arbeit die Serienmontage als die begrenzte Fertigung eines Modell-LKWs in einer festgelegten Arbeitsschrittabfolge definiert werden.

---

[45] Vgl. Warnecke (1996): S. 3.
[46] Vgl. Weigert et al. (2008): S. 1.
[47] Vgl. Denner (2016): http://www.ipa.fraunhofer.de.
[48] Vgl. Wannenwetsch (2014): S. 389 und vgl. Herger (2014): S. 166.
[49] Vgl. Edtmayr (2017): https://www.fraunhofer.at/de/.
[50] Vgl. Bloech et al. (2014): S. 215.
[51] Vgl. Kletti, Schumacher (2014): S. 174.
[52] Vgl. Erlach (2010): S. 148.
[53] Vgl. Lödding (2016): S. 5.
[54] Vgl. Thommen, Achleitner (2009): S. 370 f.
[55] Vgl. ebd.

1.4.2 Prozessoptimierungsmethoden

In diesem Unterkapitel werden die Begriffe ‚Prozess' und ‚Optimierungsmethoden' definiert und deren Zusammensetzung erläutert.

Der Begriff ‚Prozess' stammt aus dem Lateinischen und bedeutet „voranschreiten, hervorgehen"[56]. Nach der Qualitätsnorm DIN EN ISO 9000:2005 ist ein Prozess als ein *„Satz von in Wechselbeziehungen oder Wechselwirkungen stehenden Tätigkeiten, der Eingaben in Ergebnisse verwandelt"*[57], zu verstehen.

Der Begriff ‚Optimierung' leitet sich von dem lateinischen Wort ‚Optimus' ab und bedeutet übersetzt ‚Bester'.[58] Aus der Übersetzung lässt sich schließen, dass für eine gegebene Problemstellung die bestmögliche Lösung angestrebt wird.[59] Dabei darf keine Verschlechterung des aktuellen Zustandes auftreten.[60] Grundsätzlich kann unter dem Begriff ‚Prozessoptimierungsmethode' die Verbesserung bestehender Prozesse mittels der Anwendung bestimmter Methoden verstanden werden. Zur Erzielung von Prozessverbesserungen haben sich in den vergangenen Jahren zahlreiche Systeme, Methoden und Ansätze etabliert.[61]

Prozessoptimierungsmethoden stellen systematische Ansätze zur Gestaltung effizienter Prozesse und somit Verbesserungen der Produkte und Leistungen bereit. Dabei sprechen sie insbesondere Empfehlungen für den Einsatz bestimmter Methoden aus.[62]

1.5 Aufbau der Arbeit

Begründet durch die pragmatische Zielsetzung der Handlungswissenschaften, die Wahl des systemorientierten Ansatzes und des explorativen Forschungsprozesses bedarf es einer Gliederung sowie Struktur dieser Arbeit. Als geeignet ist die praxisbezogene Forschungsstrategie für angewandte Wissenschaft nach ULRICH (1981) anzusehen. Diese besteht aus sieben Schritten und besitzt verschiedene Schnittstellen zur Praxis (in Phase 1, 4, 6 und 7). Diese Forschungsstrategie ist als struktureller Rahmen für das weitere Vorgehen angewendet worden (s. Bild 1.5).

Im vorangegangenen Abschnitt wurden die problemrelevanten Bereiche erläutert und die daraus entwickelte Zielsetzung formuliert. Nachfolgend wird der Untersuchungsbereich definiert und die Einordnung der Arbeit in die Wissenschaftssystematik sowie die Konzeptionierung des Forschungsprozesses vorgenommen.

Im Anschluss an Kapitel eins werden die Terminologie und das daraus resultierende theoretische Vorwissen ergründet. Die Beschreibung eines Produktionssystems dient als Gestaltungsgrundlage des nachfolgend zu entwickelnden Modells.

---

[56] Vgl. Alby et al. (o. J.).
[57] DIN EN ISO 9000 (2005).
[58] Vgl. Montag (o. J.)
[59] Vgl. Stiller (o. J.)
[60] Vgl. Ristau (2012): S. 14.
[61] Vgl. Baumgärtner (2006): S. 1.
[62] Vgl. Alby et al. (o. J.)

Im dritten Kapitel wird eine Konkretisierung des Untersuchungsbereichs vorgenommen. Dazu wird das Forschungsfeld näher erforscht. Kapitel vier beginnt zunächst mit der empirischen Erhebung notwendiger Größen und der anschließenden Entwicklung des zur Untersuchung benötigten Modells. Daraufhin erfolgt zur Anwendung der ausgewählten, experimentellen Vorgehensweise die Beschreibung des zuvor durchgeführten Pre-Testes.

Kapitel 5 ist der Validierung des Modells mittels der Erhebung von Planspieldaten gewidmet. Im Zentrum stehen dabei die Auswertung und Analyse der Ergebnisse mit statistischen Werkzeugen. Dazu wird die Statistiksoftware Minitab eingesetzt.[63] Zum Abschluss des Kapitels erfolgt eine Interpretation für die Praxis sowie eine kritische Reflexion der Erklärungsgrenzen von Planspielen.

Die Arbeit schließt mit einer Zusammenfassung der Ergebnisse und einem Ausblick über nachfolgende Forschungsvorhaben/-möglichkeiten ab.

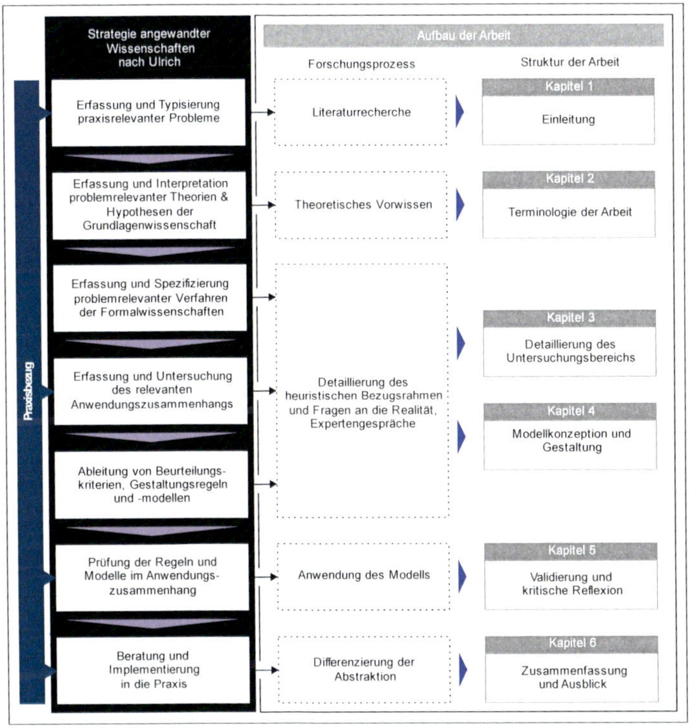

Bild 1.5: Aufbau der Arbeit[64]

[63] Detaillierte Informationen zur Statistiksoftware Minitab sind Seite I im Anhang zu entnehmen.
[64] Quelle: Eigene Abbildung i. A. a. Ulrich (1981): S. 167.

2 Terminologie der Arbeit

Das folgende Kapitel ist dem wissenschaftlichen Diskurs zur Auslegung und Definition von verwendeten Begriffen gewidmet. Die spätere Anwendung dieser Termini erfolgt in dem Kontext dieser Spezifizierung. Dazu unterteilt sich dieses Kapitel in drei Abschnitte. Der erste Abschnitt 2.1 bietet einen Überblick über die in der Literatur vorliegenden Definitionen der Begriffe ‚Produktion' und ‚Produktionssystem' sowie die gängigsten Produktionssysteme. Im Anschluss wird im zweiten Abschnitt der Begriff ‚Produktionsprozess' näher betrachtet. Der dritte Abschnitt umreißt die gängigsten Qualitätskonzepte in der Literatur, welche für diese Arbeit relevant sind.

2.1 Produktion und Produktionssystem

An dieser Stelle wird zunächst der Begriff Produktion erläutert, um anschließend das Produktionssystem näher zu definieren.

2.1.1 Produktion

Der Ursprung des Begriffs ‚Produktion' findet sich in dem lateinischen Wort ‚producere', das sich mit ‚heraufführen, hervorbringen' übersetzen lässt.[65] WAFFENSCHMIDT (1955) definierte die technische Produktion als *„Förderung und Umwandlung der Stoffe"* und schreibt die Erzeugung von Stoffen der Natur zu.[66] Dies erscheint aus heutiger Sicht als überholt, jedoch liegt der Ursprung der Produktionswirtschaft vor allem in mikroökonomischen Überlegungen bezüglich der Systematik von Produktionsfaktoren und -funktionen aus agrarwirtschaftlicher Sicht.[67] Hieraus ist auch die Produktionstheorie entstanden, mit dem Ziel die quantitativen Beziehungen zwischen Faktoreinsatz- und Ausbringungsmenge rational zu erklären.[68]

Nach GUTENBERG[69] kann die Produktion als eine Leistungserstellung durch die Kombination der Faktoren Arbeitsleistung, Betriebsmittel und Werkstoffe verstanden werden.[70] Bei Betrachtung moderner Definitionen wird deutlich, dass sowohl die Lehre als auch die betriebliche Praxis den Produktionsbegriff unterschiedlich auslegen und verschiedene Schwerpunkte setzen. So differenzieren GÜNTHER und TEMPELMEIER (2012) die industrielle Produktion – als ein Gesamtsystem aus miteinander verknüpften Teilsystemen – von der betriebswirtschaftlichen Produktion die sich vorrangig auf die Herstellung von Sachgütern fokussiert.[71] KERN (1979) definiert Produktion wie folgt:

„Produktion ist die sich in betrieblichen Systemen oder Subsystemen vollziehende, auf Wiederholung angelegte, systematische Bildung von Faktorkombinationen im Sinne

[65] Vgl. Langenscheidt (2008): S. 643 f.
[66] Vgl. Waffenschmidt (1955): S.12.
[67] Vgl. Steven (2007): S. 8.
[68] Vgl. Bloech et al. (2014): S. 15.
[69] Vgl. Schuh, Schmidt (2014): S. 2.
[70] Vgl. Kahle (1980): S. 11.
[71] Vgl. Günther, Tempelmeier (2012): S. 6 und 8.

einer Anwendung von technischen oder konzeptionellen Verfahren, welche für die Erfüllung des Systemzwecks (Sachziel) nötig sind und die beabsichtigte nutzensteigernde Veränderung derjenigen materiellen und/oder immateriellen Güter ermöglichen, welche die materielle oder immaterielle Hauptleistung des Systems [...] darstellen."[72]

KLETTI und SCHUMACHER (2014) beschreiben die Produktion in Anlehnung an die Systemtheorie als komplexes, nichtlineares System bestehend aus Eingangs- und zeitlich verzögerten Ausgangssignalen mit hoher Empfindlichkeit.[73] Ein System ist dabei als ein strukturiertes Ganzes anzusehen, das aus verschiedenen Einzelteilen und deren Wechselwirkungen gebildet wird[74], um eine definierte Aufgabe durch Ausführung zu erfüllen.[75]

Innerhalb des Systems existiert ein Regelkreis, welcher aus einem Regler, Stell- und Messglied sowie einer Regelstrecke besteht.[76] Bild 2.1 zeigt eine vereinfachte prinzipielle Darstellung dieses Produktionsregelkreises nach KLETTI und SCHUMACHER (2014). Das Messglied erfasst die Abweichung der Ausgangsgrößen (Zielgröße/Output) zu den Eingangsgrößen (Input). Die Aufgabe des Reglers ist es, die vom Messglied erfassten Abweichungen der Zielgrößen zu korrigieren bzw. auf diese zu reagieren.[77] PETER (2009) verwendete ebenfalls diesen Ansatz der Systemtheorie und ersetzte den Regler durch Lean-Methoden.[78]

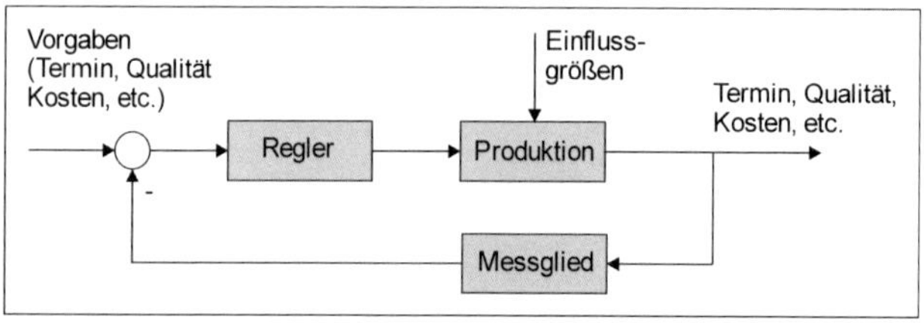

Bild 2.1: Prinzipieller Wirkungsplan der Produktion[79]

2.1.2 Produktionssystem

Ein Produktionssystem regelt die Rahmenbedingungen, z.B. vordefinierte Regeln und Handlungsanweisungen sowie anzuwendende Methoden, zur Produktion von Gütern.[80] Es ist ein Erzeugungssystem mit der Aufgabe ein End- oder Zwischenprodukt

[72] Kern (1979): S. 1652.
[73] Vgl. Kletti, Schumacher (2014): S. 9 f.
[74] Vgl. Brockhaus (2002-2007) und vgl. Alewell et al. (1972): S. 217.
[75] Vgl. Palm (2005): S. 915.
[76] Vgl. Zacher, Reuter (2017): S. 2.
[77] Vgl. Kletti, Schumacher (2014): S. 10 ff.
[78] Vgl. Peter (2009): S. 52.
[79] Eigene Abbildung i. A. a. Kletti, Schumacher (2014): S. 11.
[80] Vgl. Kirsch (2009): S. 14.

herzustellen. Dabei wird Input durch Prozesse in Output transformiert. Diese Transformation wird als Throughput bezeichnet.[81] Der Input wird von außen in das System zugeführt und ist für die Ermöglichung des Prozesses notwendig. Dies kann in Form von Know-how, Methoden, Material, Finanzmitteln oder Energie erfolgen. Der Output hingegen ist das Ergebnis oder der Ertrag des Prozesses, welcher entweder direkt genutzt werden kann oder weiterverarbeitet wird. Dies sind beispielsweise Produkte, Kosten oder Reststoffe.[82]

Des Weiteren kann ein Produktionssystem nicht von äußeren Einflüssen abgeschirmt werden. Eigenschaften und Bedingungen, die auf den Transformationsprozess einwirken oder Objekte, die den Prozess beeinflussen, werden als Throughputfaktoren bezeichnet.[83] Bei den Eigenschaften von Produktionssystemen spielen besonders die Kapazität und Elastizität eine Rolle. Unter Kapazität wird das Leistungsvermögen des Produktionssystems verstanden. Die Elastizität beschreibt vor allem die Anpassungsfähigkeit des Produktionssystems.[84] Somit spielen in einem Produktionssystem die Organisation, deren Ressourcen, Menschen und der Einsatz von Methoden zusammen.[85]

DYCKHOFF (2006) erachtet es als zweckgemäß, ein Produktionsunternehmen als leistungserbringendes (Produktions-)System bzw. Subsystem eines Ganzen – mit Anknüpfung an verschiedene weitere Systeme – anzusehen (s. Bild 2.2).[86] Es steht durch Schnittstellen in ständiger Interaktion mit seiner Umwelt.[87] Die Grenzen des Systems sind als dynamisch anzusehen und reichen von der Betrachtung einer Bearbeitungsmaschine bis hin zum Produktionsunternehmen (s. dazu Bild 2.4 von WIENDAHL, der den Produktionsprozess als Produktionssystem betrachtet).[88] Laut REFA (1987) ist die Montage als Teil eines Produktionssystems anzusehen und besteht aus Informations-, Materialfluss-, Bearbeitungs- und Montagesystemen.[89] Nach EVERSHEIM (1996) besteht die Aufgabe des Produktionssystems darin, die Leistungserbringung unter Berücksichtigung von Qualität, Zeit und Kosten mittels eines optimalen Produktionsfaktoreneinsatzes zu erreichen.[90]

[81] Vgl. Dyckhoff (1992): S. 11 ff. und Nyhuis et al. (2008): S. 20.
[82] Vgl. Dyckhoff (1992): S. 11 und Nyhuis et al. (2008), S. 20.
[83] Vgl. Dyckhoff (1992): S. 11 ff.
[84] Vgl. Zäpfel (1982): S. 9ff. und Dyckhoff (1992): S. 11ff.
[85] Vgl. Nyhuis et al. (2008): S. 20.
[86] Vgl. Dyckhoff (2006): S. 4.
[87] Vgl. Dombrowski, Mielke (2015): S. 1 f.
[88] Vgl. Hartberger (1991): S. 14.
[89] Vgl. REFA (1987): S. 41.
[90] Vgl. Eversheim (1996): S.4.

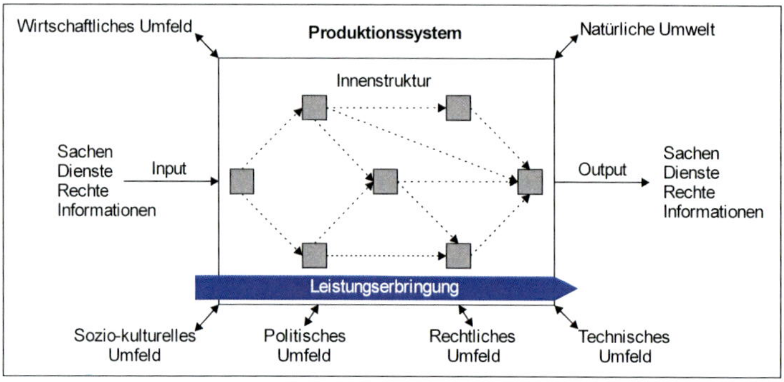

Bild 2.2: Produktionssystem nach Dyckhoff[91]

Als weiteren Ansatz definieren ERLACH (2010) und BAUER (2016) den Begriff ‚Produktionssystem' als gegliedertes System bestehend aus Gestaltungsrichtlinien, Methoden, Prinzipien, Standards und Werkzeugen, die innerhalb der Organisation zur kontinuierlichen Verbesserung eingesetzt werden.[92]

Auch DOMBROWSKI und MIELKE (2015) definieren es als die Interaktion zwischen Mensch, Technik und Organisation innerhalb der Produktion.[93] Weiterhin kategorisieren die Autoren Produktionssysteme in drei Entwicklungsstufen (s. Bild 2.3).

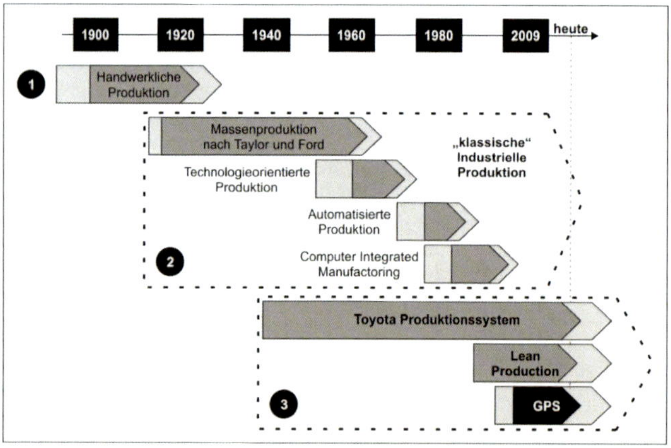

Bild 2.3: Produktionssystem nach Dombrowski, Mielke[94]

[91] Eigene Abbildung i. A. a. Dyckhoff (2006): S. 5.
[92] Vgl. Erlach (2010): S. 305 und vgl. Bauer (2016): S.1.
[93] Vgl. Dombrowski, Mielke (2015): S. 3.
[94] Eigene Abbildung i. A. a. Dombrowski, Mielke (2015): S. 4.

Nachfolgend werden die in der dritten Entwicklungsstufe angesiedelten Produktionssysteme Toyota-Produktionssystem, Lean Production und das ganzheitliche Produktionssystem vorgestellt.

Toyota-Produktionssystem

Das TPS wurde Ende des Zweiten Weltkriegs von Taiichi Ohno und Eijii Toyoda bei Toyota zur Erlangung einer schlanken Produktion entwickelt.[95] Es gilt als das weltweit bekannteste ganzheitliche Produktionssystem und wurde von vielen Unternehmen adaptiert und individuell angepasst.[96] TPS ist als ein Gesamtsystem zu betrachten, das aus verschiedenen, über Jahre entwickelten Prinzipien besteht[97] und die beste Methode zur Produktionsverbesserung darstellt[98]. Die Hauptziele des TPS sind die Vermeidung von Verschwendungen, eine kontinuierliche Verbesserung von Prozessen[99] sowie eine Steigerung der Flexibilität der Produktvarianten.[100]

Es kann symbolisch als Haus dargestellt werden und zeigt die eingesetzten Methoden, Prinzipien und Komponenten als Dach, Säulen und Fundament auf, illustriert in Anhang A.

Lean Production

‚Lean' bedeutet ins Deutsche übersetzt ‚schlank'. Lean Production und Lean Management werden in der Literatur häufig synonym verwendet.[101] Heute ist Lean generell als Unternehmensgestaltungsphilosophie zu verstehen, die durch einen ganzheitlichen Ansatz die Wettbewerbsfähigkeit eines Unternehmens steigern soll.[102] Der Ursprung der Lean Production liegt im TPS.[103] Jedoch erreichte diese Art der Produktionskonzeptionierung erst Anfang der 1990er-Jahre die westlichen Industrieländer durch die Studie ‚International Motor Vehicle Program' (IMVP) von Womack, Jones und Roos. Dabei wurde die Wettbewerbsfähigkeit amerikanischer und europäischer Automobilhersteller im Vergleich zu japanischen Herstellern untersucht.[104] Durch Lean kann der Ressourceneinsatz sowie der finanzielle Aufwand massiv reduziert werden.[105] Paradebeispiele für die erfolgreiche Umsetzung von Lean Management sind, neben der Toyota Motor Corporation, die Porsche AG sowie das US-amerikanische Unternehmen Pratt & Whitney. In diesen Unternehmen führte die Anwendung zu einer Reduzierung der Bestände, einer Verringerung von Durchlaufzeiten und einer Steigerung

[95] Vgl. Womack et al. (1990): S. 17.
[96] Vgl. Bauer (2016): S.1.
[97] Vgl. Schneider (2016): S. 63.
[98] Vgl. Brunner (2017): S. 105.
[99] Vgl. Herrmann et al. (2008): S. 84.
[100] Vgl. Dombrowski (2015): S. 1.
[101] Vgl. Moyano-Fuentes, Sacristán-Díaz (2012): S. 555.
[102] Vgl. Brunner (2017): S. 64.
[103] Vgl. Liker (2004): S. 7.
[104] Vgl. Womack et al. (1990): S. 3 f.
[105] Vgl. Pfeiffer, Weiß (1992): S. 9.

der Produktivität.[106] Jedoch scheitern viele Unternehmen bei der Implementierung von Lean Management, da sie dieses nicht als Lernprozess betrachten. Dabei ist es entscheidend, dass die Thematik des Lean Managements verstanden und nicht kopiert wird.[107] Als Hauptziel von Lean Management wird die Identifikation und Eliminierung von Verschwendung in einem Prozess angeführt, um einen größtmöglichen Wert für den Kunden zu generieren.[108] Dadurch erreichen Unternehmen eine hohe Flexibilität, welche erforderlich ist, um die dynamischen Kundennachfragen zu befriedigen.[109] Ein entscheidendes Merkmal von Lean Management ist das kontinuierliche, permanente Streben nach Verbesserungen in allen Bereichen.[110] Im Rahmen der kontinuierlichen Verbesserung wird das spezifische Fachwissen der betreffenden Mitarbeiter als Potential zur weiteren Optimierung eingesetzt und dadurch die Mitarbeitermotivation gefördert.[111]

Ganzheitliches Produktionssystem

Die Definition lautet gemäß des Vereins Deutscher Ingenieure (VDI) 2870-1 (2012): *„Ein GPS bildet ein unternehmensspezifisches, methodisches Regelwerk für die kontinuierliche Ausrichtung sämtlicher Unternehmensprozesse am Kunden, um die von der Unternehmensführung vorgegebenen Ziele zu erreichen.“*[112] Unter dem Begriff Gestaltungsprinzip werden Methoden und Werkzeuge mit gleicher/zusammenhängender Zielsetzung verstanden. Zur Zielerreichung mittels Methoden werden untergeordnete, standardisierte Mittel – Werkzeuge – benötigt.[113] Eine Übersicht über sämtliche Gestaltungsprinzipien ist in Anhang B aufgeführt. GPS sind nicht als ein starres Regelwerk anzusehen, sondern können dynamisch auf die spezifischen Unternehmensanforderungen angepasst werden.

2.2 Produktionsprozess

Im vorangegangenen Kapitel wurde der Begriff Produktion (s. Kapitel 2.1.1) hinreichend beschrieben, sowie der Begriff ‚Prozess‘ im heuristischen Bezugsrahmen kurz erläutert. An dieser Stelle wird auf den Terminus ‚Produktionsprozess‘ detailliert eingegangen. In der Literatur ist für den Begriff ‚Prozess‘ keine allgemeingültige Definition gegeben, jedoch sind Ähnlichkeiten zur Definition nach DIN EN ISO 9000:2005 erkennbar. Tabelle 2.1 gilt als allgemeiner Überblick über die vielfältigen Interpretationsmöglichkeiten des Begriffs ‚Prozess‘.

---

[106] Vgl. Gorecki, Pautsch (2013): S. 19.
[107] Vgl. Ballé, Handlinger (2012): S. 17.
[108] Vgl. Chauhan, Singh (2013): S. 371.
[109] Vgl. Pfeiffer, Weiß (1992): S. 51.
[110] Vgl. ebd.: S. 46 f.
[111] Vgl. Asbach, Kamp (2014): S. 291.
[112] Vgl. VDI 2870-1 (2012): S. 2.
[113] Vgl. VDI 2870-1 (2012): S. 7.

Tabelle 2.1: Prozessdefinitionen

Autor	**Definition**
Davenport, Short (1990)	“We define business processes as a set of logically related tasks performed to achieve a defined business outcome.”[114]
Becker, Kahn (2012)	„Ein Prozess ist die inhaltlich abgeschlossene, zeitliche und sachlogische Folge von Aktivitäten, die zur Bearbeitung eines betriebswirtschaftlich relevanten Objektes notwendig sind.“[115]
Stefanovic, Stefanovic, Misic (2008)	“[...] a business process [is] a complete set of end-to-end activities that together creates value for the customer.”[116]
Gadatsch (2015)	„Ein Prozess ist eine sich regelmäßig wiederholende Tätigkeit mit einem definierten Beginn und Ende. Er verarbeitet Informationen (Input) zu zielführenden Ergebnissen (Output) und ist in der Regel arbeitsteilig organisiert.“[117]
Wei (2014)	“Processes are a series of steps designed to produce desired outcomes, and they can transform the inputs into output in a repeatable and definable way.”[118]

Bei der Betrachtung der Definitionen fällt auf, dass sich diese auf die Transformation von Inputfaktoren in ein definiertes Ergebnis beziehen, wie in Bild 2.4 erkennbar. Als elementares Analyseinstrument dienen Produktionsfunktionen zur mathematischen Beschreibung der Input-/Output-Beziehungen des Produktionsprozesses.[119] Der Produktionsprozess ist als ein technischer Prozess anzusehen, bei dem Produktionsfaktoren mittels verschiedener Verfahren kombiniert werden, um eine Wertsteigerung zu erzielen, u. a. durch Verpacken, Montieren und Beschichtungen.[120] Produktionsfaktoren sind kategorisierbar in Elementarfaktoren (Arbeit, Betriebsmittel und Werkstoffe) und dispositive Faktoren (originärer und derivativer Teil).[121] Jeder Prozess ist durch einen festgelegten Start- und Endpunkt gekennzeichnet.[122] Dabei wird der Prozess durch eine eingehende Kundenanforderung initiiert und anhand zeitlich nacheinander geschalteter Aktivitäten, die die einzelnen Bearbeitungsschritte darstellen, erfüllt.[123] Nach HUTZSCHENREUTER (2015) lassen sich weiterhin Produktionsprozesse bspw. nach Fertigungsmenge (Einzel-, Serien-, Massenfertigung) unterteilen.[124]

---

[114] Davenport, Short (1990): S. 12.
[115] Becker, Kahn (2012): S. 6.
[116] Stefanovic et al. (2008): S. 445.
[117] Gadatsch (2015): S. 3.
[118] Wei (2014): S.172.
[119] Vgl. Steven (2007): S. 91.
[120] Vgl. Erlach (2010): S. 58.
[121] Vgl. Tiedtke (2007): S. 431.
[122] Vgl. Christ (2015): S. 40.
[123] Vgl. Christ (2015): S. 40 f.
[124] Vgl. Hutzschenreuter (2015): S. 247.

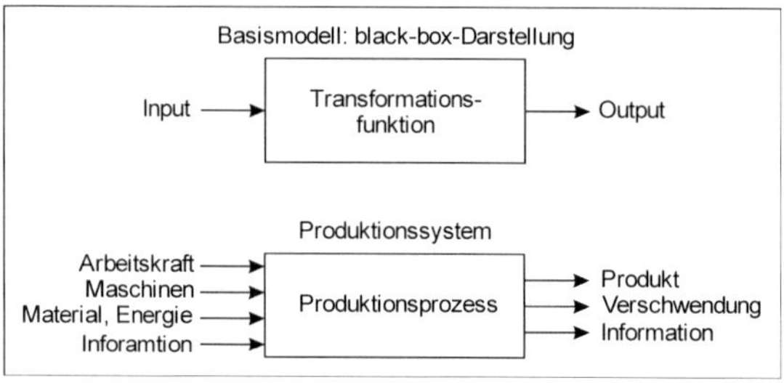

Bild 2.4: Produktionssystem und -prozess[125]

2.3 Qualitätskonzepte

Neben den Produktionssystemen zur Verbesserung von (Produktions-)Prozessen (s. Kapitel 2.1.2) verfolgen auch Qualitätskonzepte diese Ziele. In diesem Abschnitt werden die nach FRIEDLI et al. (2014) gängigsten Konzepte, die der Prozessoptimierung in einem Unternehmen dienen, kurz vorgestellt, um ebenfalls den Qualitätsaspekt von Prozessoptimierungen zu berücksichtigen.[126] An dieser Stelle wird die ISO 9001, welche als Basis zur Einführung eines Qualitätsmanagementsystems[127] dient, nicht weiter beschrieben.

2.3.1 Total-Quality-Management

Gegenstand des heutigen TQM ist der 1961 entwickelte Total-Quality-Control-Ansatz, der Kundenbedürfnisse als Qualitätsmaß definiert.[128] Seit den 1980er-Jahren wird der Begriff TQM in der Literatur häufig genannt.[129] TQM ist eine Managementphilosophie zur Schaffung eines organisationsweiten Qualitätsbewusstseins gegenüber den Bedürfnissen des Kunden. Diese sollen mit hoher Qualität befriedigt werden.[130] Das bedeutet, dass eine Einführung von Qualität in jedem Prozess, über sämtliche Prozessschritte und alle Ebenen hinweg anzustreben ist.[131] Bedingt durch spezifische Kundenwünsche, Lieferantenbeziehungen und Mitarbeiterqualifikationen sind TQM-Prozesse und Systeme nicht 1:1 übertragbar auf ein anderes Unternehmen.[132] Bild 2.5 veranschaulicht die Elemente des TQM.

[125] Eigene Abbildung i. A. a. Wiendahl (1989): S. 9.
[126] Vgl. Friedli et al. (2014): S. 162.
[127] Vgl. ebd.
[128] Vgl. Hummel, Malorny (2015): S. 1.
[129] Vgl. Reinhart et al. (1996): S. 30.
[130] Vgl. Dilworth (1996): S. 91 f.
[131] Vgl. Omachonu, Ross (2004): S. 5.
[132] Vgl. Dilworth (1996): S. 92.

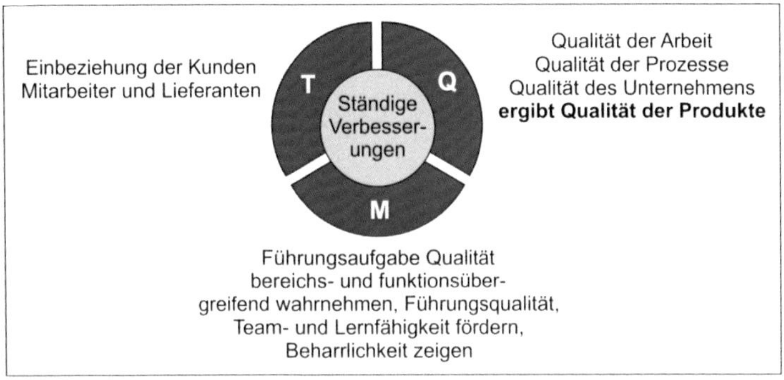

Bild 2.5: TQM-Elemente[133]

Das primäre Ziel des TQM-Ansatzes ist die Gewährleistung einer höheren Qualität, um nicht nur eine Differenzierung gegenüber dem Wettbewerb, sondern auch eine Steigerung der Kundenzufriedenheit zu erreichen.[134] Als weiteres übergeordnetes Ziel ist die Vermeidung von Verschwendung durch Null-Fehler-Programme und Maßnahmen zur frühzeitigen Fehlerregistrierung anzuführen.[135] Zur Erreichung dieser Ziele ist der Aufbau einer Unternehmenskultur erforderlich, in welcher alle Mitarbeiter nach einer Optimierung ihrer Aufgaben streben.[136]

Ursprung und Entwicklung

Nach dem Zweiten Weltkrieg entwickelte der Amerikaner Deming eine Unternehmensphilosophie zur Steigerung des Marktanteils von Unternehmen.[137] Diese Philosophie basiert auf der kontinuierlichen Optimierung bestehender Unternehmensprozesse zur Senkung anfallender Kosten und zum Ausbau der Wettbewerbsposition.[138] Als wichtig wird dabei die Prozessorientierung herausgestellt, worunter die kontinuierliche Verbesserung der Prozesse zur Erreichung einer gesteigerten Produktqualität zu verstehen ist.[139] Um am Markt erfolgreich zu agieren, sind die Prozesse entsprechend den variierenden Nachfragebedürfnissen zu optimieren.[140] Im Rahmen der Optimierungsaufgaben werden verschwendende Aktivitäten aus Unternehmensprozessen eliminiert. Diese Eliminierung führt zu einer Steigerung der Qualität von Produkten und Dienstleistungen.[141] Die Qualität eines Produktes oder einer Dienstleistung resultiert aus der Qualität des Prozesses. Eine kontinuierliche Verbesserung ist unverzichtbar.[142]

---

[133] Eigene Abbildung i. A. a. Hummel, Malorny (2015): S. 3.
[134] Vgl. Hering et al. (1997): S. 209.
[135] Vgl. Koch (2015): S.216 f.
[136] Vgl. Frehr (1994): S.214.
[137] Vgl. Schmitt, Pfeiffer (2015): S.28ff.
[138] Vgl. Rothlauf (2014): S.67.
[139] Vgl. Kumar et al. (2009): S.914.
[140] Vgl. Koch (2015): S.221.
[141] Vgl. Rothlauf (2004): S.85.
[142] Vgl. Galyani et al. (2008): S.915.

2.3.2 Six Sigma

Motorola entwickelte Six Sigma (6σ) ursprünglich zur Erkennung der Ursachen von allgegenwärtigen Abweichungen (Variationen) im Qualitätsmanagement.[143] Nach HARRY et al. (2010) besitzt Six Sigma jedoch in Unternehmen je nach Anwendungsgebiet verschiedene Bedeutungen und ist als zielorientiertes Managementsystem anzusehen.[144] Übergeordneter Fokus der Methodik ist das Verstehen und Erzielen dessen, was der Kunde wünscht, da dies als Schlüssel zur Rentabilität eines Produktionsprozesses angesehen wird.[145] Dazu bietet dieser Ansatz ein systematisches Vorgehen unter Anwendung analytischer und statistischer Methoden.[146] Die Spezifikationsgrenzen können – je nach Anforderung – beispielsweise bei sechs Standardabweichungen (6σ) vom Mittelwert (μ) entfernt liegen. Six Sigma kann aufgrund des Prinzips der kontinuierlichen Verbesserung und der Anwendung von Qualitätswerkzeugen als Qualitätssystem bezeichnet werden.[147]

Die Anwendung von Six Sigma innerhalb eines Projektes erfolgt gemäß dem DMAIC-Zyklus und dient zur Verbesserung von Produkten, Services oder Prozessen. Dieser Zyklus besteht aus fünf Phasen (s. Tabelle 2.2). Jede Phase des Zyklus besitzt unterschiedliche Werkzeuge und statistische Methoden zur Prozessoptimierung, u. a.: Pareto-Diagramm, Hypothesen-Test oder DoE.[148]

---

143 Vgl. Robotham et al. (2007): S. 362 f.
144 Vgl. Harry et al. (2010): S. 1 und S. 21.
145 Vgl. Jacobs, Chase (2011): S. 302.
146 Vgl. Melzer (2015): S. V.
147 Vgl. Köhler et al. (2014): S. 258.
148 Vgl. Harry et al. (2010): S. 31.

Tabelle 2.2: Six-Sigma-Phasen

Phase	Name	Beschreibung
1	Definieren (engl. define)	Feststellung des Projektziels und -umfangs, Bereitstellung von Mitteln und Autorisierung per Management.[149]
2	Messen (engl. measure)	Problemstelle messen, Leistung und Defekte erfassen, Prozess dokumentieren für anschließende Leistungsbewertung.[150]
3	Analysieren (engl. analyze)	Analyse der gemessenen Daten, ob diese Rückschlüsse auf die Problemursache und eine Identifizierung einer Lösung zulassen. Ggf. ist die Problemdefinition (Phase 1) anzupassen.[151]
4	Verbessern (engl. improve)	Ermittlung einer Problemlösung[152], Lösungen entwickeln und diese einer Kriterienbewertung unterziehen[153].
5	Kontrollieren (engl. control)	Ziel der Kontrollphase ist die Bewertung und Überwachung der Ergebnisse der vierten Phase.[154]

2.3.3 Lean Six Sigma

Lean Six Sigma gilt als weiterer Ansatz zur Prozessoptimierung und bildet eine bidirektionale Kombination der Methoden Lean und Six Sigma.[155] Eine Diskussion, welche Methode besser oder schlechter ist, ist als unproduktiv anzusehen. Es gilt, die Prozessproblematik zu lösen und die Prozessleistung – mittels einer Integration beider Methoden – zu verbessern.[156]

[149] Vgl. Shankar (2009): S. 1.
[150] Vgl. Omachonu, Ross (2004): S. 446.
[151] Vgl. Brussee (2004): S: 11.
[152] Vgl. Cano et al. (2012): S. 7.
[153] Vgl. Kaufmann (2012): S. 185.
[154] Vgl. Mehrjerdi (2011): S. 81.
[155] Vgl. Kaufmann (2012): S. 1 ff.
[156] Vgl. Snee (2010): S. 12.

3. Konkretisierung des Untersuchungsbereichs

In Bezug auf den Forschungsprozess und die Einhaltung der Forschungsstrategie nach ULRICH (1981) wird im Folgenden der Untersuchungsbereich konkretisiert. Dazu bedarf es einer Betrachtung des Forschungsumfeldes, um die Effektivität von Prozessoptimierungsmethoden im weiteren Verlauf spezifizieren zu können.

3.1 Planspiel und Modell

In der Literatur existieren zahlreiche Bezeichnungen für den Begriff ‚Planspiel' (engl. Business Simulation), u. a. Simulationsspiele[157], Unternehmenssimulationen, methodenbasierte Trainings.[158] Da es in dieser Arbeit um den Optimierungsgedanken von Produktionsprozessen geht, werden nur die wesentlichen Punkte zur Planspiel-Methode als Forschungsumfeld erklärt.

Die Spieletheorie von Kriegsspielen wurde erstmalig 1956 in den USA als Grundlage für die Entwicklung von (Unternehmens-)Planspielen (u. a. American Management Association, Remington Rand/IBM) verwendet.[159] Dies stellt die erste Anwendung von Planspielen (Management Games) im ökonomischem Umfeld dar.[160] Heute sind sie grundlegend in zwei Kategorien zu unterteilen: digital (Einsatz von Software) und analog (bspw. die Fertigung von Papierfliegern).[161]

BLÖTZ (2015) bezeichnet ein Planspiel als Instrument zur Reduzierung der Komplexität und Kompliziertheit realer Prozesse, um diese in ein situatives Modell zur Abbildung betriebswirtschaftlicher Wirkbeziehungen zu transferieren.[162] Anknüpfend an diese Definition ist ein Planspiel laut HITZLER et al. (2011) ein Abbild der Wirklichkeit als dynamisches Modell, das zur Untersuchung und Nachbildung von Systemabläufen eingesetzt wird, bei denen eine Durchführung in der Realität zu zeitintensiv, kostspielig und risikobehaftet wäre.[163] In diesem Sinne ist ein Modell als ein abstraktes Abbild der Realität bzw. meist eines Ausschnittes der Realität zu beschreiben.[164] Modelle sind ein bedeutender Gegenstand wirtschaftlicher und technischer Arbeiten.[165] Die Modelltheorie stellt dabei einen Teilbereich mathematischer Logik dar, der semantische Charakteristika von Formeln und Formelmengen fokussiert.[166] Die Anwendung von Planspielen führt zu einer aktiven Einbindung der Teilnehmer und Interaktion innerhalb der Modelle. [167] Außerdem ist es vorteilhaft, Planspiele nicht am Arbeitsplatz, sondern in ei-

---

[157] Vgl. von Ameln, Kramer (2016): S. 150.
[158] Vgl. Künzel, Schrader (2016): S. 172.
[159] Vgl. Rohn (1995): S. 66.
[160] Vgl. Geuting (1992): S. 317.
[161] Vgl. Künzel, Schrader (2016): S. 175.
[162] Vgl. Blötz (2015): S. 14 f.
[163] Vgl. Hitzler et al. (2011): S. 14.
[164] Vgl. Bungartz et al. (2013): S. 5.
[165] Vgl. Töllner et al. (2010): S. 5 f.
[166] Vgl. Hoffmann (2013): S. 365
[167] Vgl. Ulrich (2006): S. 2.

nem neutralen Umfeld durchzuführen, um Kreativitätspotenziale freizusetzen und Betriebsblindheit zu eliminieren.[168] Probanden erleben somit bspw. einen Ausschnitt eines Produktionssystems, in dem Einflussgrößen beliebig variiert werden können, um Wechselwirkungen und Interdependenzen zu verstehen.[169] In weiteren Szenarien ist es zudem möglich, dass die Teilnehmer unterschiedliche Figuren – vom Mitarbeiter bis zum Geschäftsführer – annehmen.[170] Auch im Hinblick auf die Schulung von Mitarbeitern können Planspiele verwendet werden, um eine angemessene Heranführung an z. B. Lean-Prinzipien sicherzustellen.[171]

Überdies ist das Potenzial von Planspielen innerhalb der Sozialwissenschaften nicht vollständig genutzt, da sie zu Ausbildungs-, Unterstützungs- und Forschungszwecken verwendet werden können.[172] Sie stellen eine Form des Experiments dar, die vor allem aus den Naturwissenschaften bekannt ist und sich durch die Variation einzelner unabhängiger Variablen zur Beobachtung, welche Effekte (abhängige Variable) daraus resultieren, auszeichnet. Der Einsatz der Planspielemethodik bildet dabei eine hypothesentestende Funktion.[173] Die Bestätigung oder Verwerfung der Annahme(n) lässt Rückschlüsse auf eine Allgemeingültigkeit zu.[174] Weiterhin ist das Planspiel klar von der Simulation abzugrenzen, bei der das Verhalten der einzelnen Komponenten bereits bekannt ist, während dies im Planspiel erst erforscht werden muss.[175] Demgegenüber ist Modellen und Simulationen gemein, dass sie Hilfsmittel zum Erkenntnisgewinn bezüglich realer Systeme darstellen.[176] Im Unternehmenskontext fokussiert das Planspiel vielmehr die Entscheidungsunterstützung und deren mögliche Auswirkungen auf das Unternehmen selbst, aber auch auf den Markt und den Wettbewerb.[177] Im Rahmen dieser Arbeit wird ein Planspiel als Modell entwickelt, welches in Kapitel 0 mittels Regressionsmodellen untersucht wird.

3.2 Bestehende Forschungsarbeiten

Innerhalb der empirischen Forschung stehen grundsätzlich zwei Forschungsrichtungen zur Auswahl, die qualitative und die quantitative Untersuchung.[178] Qualitative Methoden der Forschung sind als interpretativ und subjektiv anzusehen. Zu diesem Gebiet gehören bspw. das narrative Interview, das Leitfadeninterview, die Fokusgruppe, die qualitative Inhaltsanalyse, die Artefakt- und Beobachtungsanalyse.[179] Als objektiv

---

[168] Vgl. Künzel, Schrader (2016): S. 172.
[169] Vgl. Stauberg et al. (2009): S. 850.
[170] Vgl. von Ameln, Kramer (2016): S. 150.
[171] Vgl. Stausberg et al. (2009): S. 851.
[172] Vgl. Herz, Blätte (2000): S. 1 ff.
[173] Vgl. Kriz (2009): S. 564.
[174] Vgl. Schwägele et al. (2012): S. 141.
[175] Vgl. Atteslander (2010): S. 183.
[176] Vgl. Deuse et al. (2006): S. 2.
[177] Vgl. Ebert (1989): S. 10.
[178] Vgl. Berger-Grabner (2016): S. 116.
[179] Vgl. Berger-Grabner (2016): S. 118.

und auf Fakten ausgerichtet gelten quantitative Methoden.[180] Dazu gehören die Methoden Befragung, Beobachtung, Panel und Experiment.[181] Während im Jahre 1996 nach FANKHAUSER der Einsatz von Experimenten bisher häufig nicht stattfand,[182] ist der Einsatz von Experimenten heutzutage weit verbreitet.[183]

Die bereits in Kapitel 1 erwähnte Umfrage von YVONNE und STEFAN LAGROSEN (2005) dient der Ermittlung und der Quantifizierung von Wirkzusammenhängen zwischen verschiedenen Qualitätsmethoden.[184] Auch CUDNEY und ELROD (2011) untersuchten per Umfrage, ob die Integration von Lean-Konzepten in das Supply-Chain-Management zu Einsparungen der Größen Kosten und Zeit führt.[185] SAMSURI (2013) setzt quantitative Umfragen und Beobachtungen zur Datenerhebung ein, um für das Forschungsziel geeignete Methoden zur Reduzierung von Fehlern (engl. defects) zu erhalten.[186]

KRISHNAN und PARVEEN (2013) führten eine Datenanalyse basierend auf Fachartikeln aus Zeitschriften im Zeitraum von 2002 bis 2012 durch, um Erkenntnisse zur Verwendung von Lean-Methoden zu erlangen.[187] Die Autoren ASSARLIND, GRMYR und BÄCKMAN (2013) führten eine empirische Studie über vier Monate zur Betrachtung der Vielseitigkeit von Lean-Six-Sigma-Anwendungen per Interviews, Besprechungen, Dokumentenanalysen und Beobachtungen durch.[188]

PETER (2009) verwendet eine simulationsgestützte Bewertungsmethodik zur Darstellung einer quantitativen Bewertung der Effektivität von Lean-Methoden auf ein Zielsystem.[189] Auch DETTY und YINGLING (2000) veranschaulichen mittels eingesetzter Software zur Unterstützung der Implementierungsentscheidung, welche Lean-Methoden bei einem Montageprozess eines elektronischen Konsumproduktes mit einer Auflage von ca. 500.000 Stück als sinnvoll zu erachten sind.[190] Zur Umsetzung einer Szenariobetrachtung einer Wertstromaufnahme (engl. Value Stream Mapping, VSM[191]) eines Push- und Pull-Systems entwickelten LIAN und VAN LANDEGHEM (2002) Simulationsmodelle mit VSM-Software innerhalb einer Produktionsanlage mit geringem Volumen und großer Vielfalt.[192] DOMBROWSKI[193] et al. (2015) verwenden die Software ‚System Dynamics' zur Modellierung von GPS sowie zur Untersuchung des Einflusses einer Variation von Einflussgrößen auf die Zielgrößen.

[180] Vgl. Hussy et al. (2013): S. 20.
[181] Vgl. Berger-Grabner (2016): S. 117.
[182] Vgl. Fankhauser (1996): S. 229 ff.
[183] Vgl. Kolitz (2007): S. 31.
[184] Vgl. Lagrosen, Lagrosen (2005): S. 949.
[185] Vgl. Cudney, Elrod (2011): S. 5 und S. 19.
[186] Vgl. Samsuri (2013): S. V und S.12.
[187] Vgl. Krishnan, Parveen (2013): S. 1-5.
[188] Vgl. Assarlind et al. (2013): S. 387.
[189] Vgl. Peter (2009): S. 153.
[190] Vgl. Detty, Yingling (2000): S. 429-445.
[191] Vgl. Conrad, Ausilio (2016): S. 70.
[192] Vgl. Lian, Van Landeghem (2002): S. 1-8.
[193] Vgl. Dombrowski et al. (2014): S. 905.

Die benannten Studien sind in Bild 3.1 kategorisiert und zeigen auf, dass zwar qualitative und quantitative Untersuchungen im Zusammenhang mit Prozessoptimierungsmethoden vorliegen, jedoch keine der Untersuchungen ein Experiment in Verbindung mit einem Planspiel und einer statistischen Versuchsplanung aufweist. Durch die Studien kann aufgezeigt werden, dass sich ein Großteil dieser auf Simulationen, die mittels Simulationssoftware erstellt wurden, konzentriert. Die Nachteile von solchen Simulationen bestehen in der aufwendigen Datenerfassung und dem Modelldesign[194] sowie darin, dass häufig nur die Verbindung eines Optimierungsansatzes und einer Bewertungsmethode möglich ist[195].

	Empirische Forschungsausrichtung									
	Quantitative Methoden					Qualitative Methoden				
	Beobachtung	Umfrage	Software Simulation	Experiment/ Planspiele	Panel	Interview	Besprechung	Inhaltsanalyse	Beobachtungs-analyse	Literaturrecherche
ABDULMALEK, RAJGOPAL (2007)			●							
ASSARLIND, GRMYR, BÄCKMAN (2013)						●	●		●	
CUDNEY, ELROD (2011)		●								
DETTY, YINGLING (2000)			●							
DOMBROWSKI ET AL. (2014)			●							
KRISHNAN, PARVEEN (2013)										●
LAGROSEN, LAGROSEN (2005)		●								
LIAN, VAN LANDEHEM (2002)			●							
PETER (2009)			●							
SAMSURI (2013)		●								

Bild 3.1: Empirische Forschungsausrichtung

3.3 Forschungsfrage und Lösungshypothese

In der Literatur stehen qualitative und quantitative Studien der empirischen Forschung zur Verfügung. Nach eingehender Literaturrecherche existiert jedoch bisher keine Studie, welche die Anwendung eines Planspiels zur quantitativen Überprüfung der Effektivität von Prozessoptimierungsmethoden in einer Serienmontage behandelt. Gerade in einer Montage, in der Mitarbeiter, die noch einen hohen Anteil an manueller Arbeit verrichten, beschäftigt sind, spielen Prozessoptimierungsmethoden eine wichtige Rolle, um die eigenen Montageschritte zu verbessern.[196] Insbesondere in der Nutzung der schon im Detail beschriebenen Forschungsmethodik Planspiel in Kombination mit einer strukturierten Vorgehensweise wie der DoE bietet dies die Möglichkeit, den Einfluss von Prozessoptimierungsmethoden in einem experimentellen Umfeld kostenneutral zu testen. Dieser Ansatz ist neuartig. Die DoE bietet die Möglichkeit die Veränderung des Outputs durch die Variation von Inputfaktoren zu untersuchen. Dabei wird zudem der Einfluss durch die Kombination verschiedener Inputfaktoren erforscht. In

[194] Vgl. Solding, Gullander (2009): S. 2231-2237.
[195] Vgl. Domschke, Scholl (2008): S. 31.
[196] Vgl. Wiesbeck (2014): S. 5.

Kapitel 1 werden verschiedene Ansätze zur Lösung der Forschungsfrage erläutert. Aus den zuvor genannten Gründen wird an dieser Stelle ein Impuls zur Schließung der erkannten Forschungslücke gegeben. Die bereits in der Einleitung erwähnte Forschungsfrage wird an dieser Stelle in mehrere untergeordnete Fragen aufgeteilt.[197]

Folgende forschungsleitende Fragestellung ergibt sich:

„Kann die Effektivität von ausgewählten Prozessoptimierungsmethoden modellhaft gemessen und validiert werden?"

Weiterhin werden drei untergeordnete Fragen betrachtet, die in Summe der Beantwortung der zentralen Forschungsfrage dienen:

1. *Welche sind die wichtigsten Prozessoptimierungsmethoden, die in der Produktion Anwendung finden und näher betrachtet werden sollten?*
2. *Welche Verbesserungen der relevanten Key Performance Indicators können einzelne bzw. kombinierte Prozessoptimierungsmethoden erzielen?*
3. *Können statistisch signifikante Effekte der ausgewählten Prozessoptimierungsmethoden und die Effektivität der Methoden im Produktionsprozess ermittelt werden?*

Im Rahmen der angewandten Wissenschaft nach ULRICH (1981) wird empfohlen eine Lösungshypothese vor dem Hintergrund des Anwendungszusammenhangs zu erarbeiten. Dabei wird auf den zuvor beschriebenen Forschungsbedarf zurückgegriffen. Wie dargelegt, fehlen in bestehenden Ansätzen zur Bewertung von Prozessoptimierungsmethoden insbesondere Experimente mittels Planspielen in Kombination mit einer systematischen Vorgehensweise. Daraus wird die folgende Lösungshypothese hergeleitet:

„Durch ein entwickeltes Modell in Form eines Planspiels lässt sich die Wirksamkeit auserwählter Prozessoptimierungsmethoden nachweisen."

Im Rahmen dieser Arbeit gilt es, die Lösungshypothese zu validieren und daraus Rückschlüsse für die Praxis zu ziehen.

[197] Vgl. Preuß (2017): S. 58.

4. Modellkonzeption und Detaillierung

Die dynamischen Herausforderungen der Produktionsunternehmen und die Problemstellung der geeigneten Auswahl von Optimierungsansätzen zur stetigen Verbesserung ihrer Wettbewerbsfähigkeit wurden in Kapitel 1 näher beschrieben. Die Autoren DOMBROWSKI und MIELKE (2015) verdeutlichen das bestehende Auswahlproblem begründet durch die Vielzahl an Optimierungsansätzen in der Literatur und Praxis.[198] Zur Fortsetzung der Forschungsstrategie von ULRICH (1981) wird nachfolgend Phase 5, die Ableitung von Beurteilungskriterien, Gestaltungsregeln und -modellen, abgehandelt.

4.1 Auswahl der experimentellen Vorgehensweise

Zur Erfüllung der Anforderung an die Wettbewerbsfähigkeit eines Unternehmens bedarf es mehr als nur einer Datenanalyse oder eines kritischen Hinterfragens von komplizierten Fertigungsprozessen oder Produkteigenschaften.[199] Vielmehr ist es erforderlich, Wirkzusammenhänge innerhalb der Menge aus Einflussgrößen zu untersuchen und somit eine optimale Kombination aus diesen für das betrachtete System abzuleiten.[200]

Wie schon in Kapitel 1.1 erwähnt gibt es zur Durchführung von Experimenten und Untersuchungen verschiedene Methoden bzw. Vorgehensweisen. An dieser Stelle werden Trial and Error, OFAT sowie die DoE gegenübergestellt.

Bei der Trial and Error Methode handelt es sich um eine heuristische Vorgehensweise. Wie aus dem Namen der Methode abzuleiten, steht ‚Trial' für das Testen verschiedener Lösungsansätze, welche häufig auf reinen Mutmaßungen basieren.[201] Die unterschiedlichen potenziellen Lösungen werden in mehreren Tests ausprobiert. Dieser Prozess wird durchgeführt bis ein akzeptables und valides Ergebnis gefunden wurde. Aus diesem Grund besteht die Gefahr, dass nicht die optimale Lösung erreicht wird, da nicht alle potenziellen Lösungen durch einen Test validiert werden. Dies kann zu einem erheblichen Zeit- und Organisationsaufwand führen. Aus dem Zusatz ‚Error' lässt sich bereits schlussfolgern, dass bewusst mögliche Lösungsfehlschläge akzeptiert werden. Die entstandenen Fehler sollen dabei als Lerneffekte genutzt werden.[202] Das Ziel der Trial and Error Methode besteht ausschließlich darin, zu einer Lösung zu gelangen. Das Hinterfragen einer Lösung ist nicht Bestandteil der Methode.[203]

Eine weitere Methode zur Untersuchung der Effekte von Experimenten stellt die OFAT Methode dar. Durch eine systematische Vorgehensweise wird ausschließlich ein Faktor verändert, während alle weiteren Faktoren konstant gehalten werden.[204] Dabei wird

---

[198] Vgl. Dombrowski, Mielke (2015): S. 30.
[199] Vgl. Kleppmann (2013): S. 1.
[200] Vgl. Lunau et al. (2014): S. 242.
[201] Vgl. Mahoney, Svrcek, Young (2006): S. 4ff.
[202] Vgl. Kluckert (2016): S. 123.
[203] Vgl. Bei, Chen, Zhang (2013): S. 31 ff.
[204] Vgl. Melzer (2015): S. 156.

mit der Veränderung des subjektiv am einflussreichsten erscheinenden Faktors begonnen. Nach diesem Prinzip erfolgt eine schrittweise Veränderung von einzelnen Faktoren bis eine zufriedenstellende Lösung ermittelt wurde.[205] Diese Methode ist durch die sukzessive Variation von Faktoren sehr zeitintensiv.[206] Der Nachteil besteht darin, dass durch die Veränderung von nur einem Faktor keine Wechselwirkungen berücksichtigt werden.[207] Des Weiteren besteht die Gefahr das Optimum nicht zu erreichen.[208]

Die statistische Versuchsplanung wird im Rahmen der Planung und Auswertung experimenteller Versuchsreihen eingesetzt.[209] In der Literatur ist die englische Übersetzung „Design of Experiments" oder die Kurzform „DoE" zu finden. Basis für die Ausführung der statistischen Versuchsplanung sind vorliegende Daten, welche aus einer Reihe durchgeführter Experimente gewonnen werden.[210] Die Durchläufe unterliegen den gleichen Rahmenbedingungen.[211] Anhand dieser Experimente ermöglicht die statistische Versuchsplanung die Generierung neuer Erkenntnisgewinne.[212] Die DoE setzt einen starken Fokus auf die strukturierte Untersuchung von Ursache-Wirkungs-Zusammenhängen zwischen Prozessvariablen (X) und messbaren Output Variablen (Y). Die Prozessvariablen werden in der statistischen Versuchsplanung auch als Faktoren bezeichnet. Die DoE differenziert sich durch diese Eigenschaft von den vorhergehenden Methoden.[213] Es handelt sich somit um die statistische Beobachtung der Veränderung von Output Variablen durch die Variation mehrerer Faktoren.[214] Dadurch kann ermittelt werden, welche Faktoren den stärksten Einfluss auf die Messgröße haben und welche Einstellungen oder Kombinationen von Faktoren zu einem verbesserten und optimierten Prozess führen.[215] HARRY et al. (2010) bezeichnen die DoE als formellen Ansatz.[216]

Die Entwicklung der DoE begann mit der Arbeit des britischen Wissenschaftlers Sir Roger Aylmers Fisher an der Rothamsted Agricultural Experimental Station in London, England, in den 1920er-Jahren.[217] Das wesentliche Ziel war dabei die Verbesserung des Getreideanbaus durch die optimale Kombination aus Wasser, Dünger und anderen Einflussfaktoren.[218] Im Rahmen dieser Arbeit definierte er vier Grundprinzipien der DoE: Blockbildung, Replikation, Randomisierung, sowie die Analyse von Varianzen

---

205 Vgl. Ledolter, Swersey (2007): S. 66.
206 Berthouex, Brown (2002): S. 190.
207 Vgl. Montgomery (2017): S. 4.
208 Vgl. Melzer (2015): S. 156.
209 Vgl. Siebertz et al. (2010): S. 1.
210 Vgl. Wieczorek (2009): S. 169.
211 Vgl. Rath & Strong Management Consultants (2008): S. 122.
212 Vgl. Geiger, Kotte (2008): S. 457.
213 Vgl. Rath & Strong Management Consultants (2008), S. 121.
214 Vgl. Stagliano (2004), 159.
215 Vgl. ADDITIVE Soft- und Hardware für Technik und Wissenschaft GmbH (2011), S. 2 ff.
216 Vgl. Harry et al. (2010): S. 619.
217 Vgl. Montgomery (2009a): S. 19
218 Vgl. Roy (2001): S. 9.

und die faktorielle Versuchsplanung.[219] Die Randomisierung senkt die Befangenheit, während eine Blockbildung und die Replikation zu einer Steigerung der Genauigkeit führen.[220]

Ein Vergleich der vorgestellten Ansätze führt zu der Erkenntnis, dass ausschließlich mittels der Durchführung einer DoE die Gewährleistung gegeben ist, das Optimum zu identifizieren und Wechselwirkungen zwischen verschiedenen Faktoren zu berücksichtigen.[221]. Da das Ziel dieser Arbeit hierdurch am ehesten erfüllt werden kann, wird auf die DoE zurückgegriffen, welche als die wirtschaftlichste und wirksamste Methode zur Ermittlung optimaler Prozessparameter bezeichnet wird.[222]

Zur Sicherstellung der wissenschaftlichen Planung, Durchführung und Analyse des Experiments orientieren sich die nachfolgenden Kapitel an den in der folgenden Tabelle 4.1 gelisteten sieben Schritten zum Experiment-Design nach MONTGOMERY (2009b). Diese dienen nur dem wissenschaftlichen Vorgehen innerhalb der DoE, nicht der Strukturierung der Arbeit.

Ein Experiment ist beschreibbar als eine Testreihe, in der gezielt Manipulationen an unabhängigen Eingangsvariablen (Input-Faktoren) eines Prozesses/Systems vorgenommen werden. Dadurch kann eine Schlussfolgerung über Ursachen und Wirkungen der Änderung einer oder mehrerer abhängiger Ausgangsvariablen (Output, Zielgröße, Antwortvariable) festgestellt werden.[223]

Die Schritte 1 bis 3 nach Montgomery (2009b) gehören der Vorplanung an, wobei die Schritte 2 und 3 häufig gleichzeitig oder in umgekehrter Reihenfolge durchgeführt werden, um eine praxisnahe Durchführung je Aufgabenstellung sicherzustellen.[224]

Tabelle 4.1: Vorgehensweise DoE[225]

Schritt	Kapitel	Beschreibung
1	1.1	Problemformulierung
2	4.2	Definition der Faktoren und Faktorstufen
3		Definition der Antwortvariablen
4	4.3	Auswahl des Designs des Experiments
5	5.2	Durchführung des Experiments
6		Auswertung und Analyse der erhobenen Daten
7	6	Zusammenfassung und Ergebnisinterpretation

219 Vgl. Montgomery (2009a): S. 19.
220 Vgl. Dean, Voss (2000): S. 2.
221 Vgl. Melzer (2015): S. 157.
222 Vgl. Melzer (2015): S.157.
223 Vgl. Montgomery (2009a): S. 1.
224 Vgl. Montgomery (2009b): S. 554.
225 Vgl. Montgomery (2009b): S.555.

Das beschriebene Praxisproblem aus Kapitel 1 bedarf keiner weiteren Erläuterung. Die nachfolgenden Schritte 2 und 3 werden zusammengefasst und in Kapitel 4.2 beschrieben. In Kapitel 4.3 wird daran anschließend das Modell als Grundlage des Experiments entwickelt. Kapitel 5.2 fokussiert sich auf die Schritte 5 und 6 nach MONTGOMERY (2009b). Der letzte Schritt des 7-Punkte-Plans wird in Abschnitt 6 abgehandelt.

4.2 Definition der Faktoren und Antwortvariablen

Eine Voraussetzung zur Definition von Faktoren und Antwortvariablen ist das Prozesswissen bestehend aus theoretischem Verständnis und praktischen Erfahrungen. Es ist von zentraler Bedeutung, alle Faktoren und deren Ausprägungen zu kennen sowie sicherzustellen, dass die Antwortvariablen nützliche Informationen enthalten.[226] Ein Faktor repräsentiert dabei eine unabhängige Inputvariable, die im Experiment variiert wird.[227] Die Werte zur Variation des Faktors bilden die Faktorstufen (oftmals mit +/- oder -1/1 bezeichnet[228]).[229] Eine Antwortvariable ist die Größe, die im Experiment gemessen wird.[230]

Im Kontext der vorliegenden Arbeit handelt es sich bei den Inputvariablen um die angewendeten Prozessoptimierungsmethoden, die im Prozess bzw. Produktionssystem betrachtet werden. Aus diesem Sachverhalt können die Faktorstufen abgeleitet werden. Diese sind kategorisierbar in Methodenanwendung ‚ja' und ‚nein'. Im weiteren Verlauf werden diese als *used* (ja) und *not used* (nein) bezeichnet. Die Antwortvariablen können als KPIs verstanden werden.

Basierend auf diesem Vorgehen nach MONTGOMERY (2009b) führen die nachfolgenden Unterabschnitte zur Beantwortung der ersten (Feststellung der Prozessoptimierungsmethoden) und zweiten Forschungsunterfrage (Festlegung der KPIs).

Zur Ermittlung der Faktoren und Antwortvariablen sind drei empirische Untersuchungen eingesetzt worden. Anhand einer Umfrage und Gruppendiskussion wurde eine formfreie Art der Befragung durchgeführt. Darüber hinaus wurde zur weiteren Absicherung eine Literaturrecherche durchgeführt, welche in Form einer Methodenhitliste aufbereitet worden ist.

4.2.1 Umfrage

Zur weiteren Erschließung der benötigten Antwortvariablen und Faktoren wurde für diese Arbeit im Zeitraum vom 17.05. bis 14.06.2016 eine Online-Umfrage durchgeführt, die an 872 Unternehmen in der Bundesrepublik Deutschland, Österreich sowie der Schweiz gerichtet war. Anschließend wurde eine Veröffentlichung der Umfrage in einem sozialen Netzwerk für berufliche Kontakte (XING) durchgeführt. Insgesamt

[226] Vgl. Montgomery (2009b): S. 555.
[227] Vgl. Harry et al. (2010): S. 655.
[228] Vgl. Siebertz et al. (2010): S. 6.
[229] Vgl. Kleppmann (2013): S. 14.
[230] Vgl. McClave et al. (2005): S. 556.

konnten 120 korrekt und vollständig ausgefüllte Fragebögen zur Auswertung herangezogen werden. Bild 4.1 veranschaulicht die Branchenherkunft der berücksichtigten Unternehmen. Die Branchen Maschinenbau und Automotive waren mit > 15 Teilnehmern vertreten. Mehr als 10 Unternehmen der Metall-, Chemie- und Pharmaunternehmen sendeten korrekte Fragebögen ein. Dies weist auf ein starkes Bewusstsein für die Notwendigkeit von Optimierungsaufgaben in diesen Branchen hin.

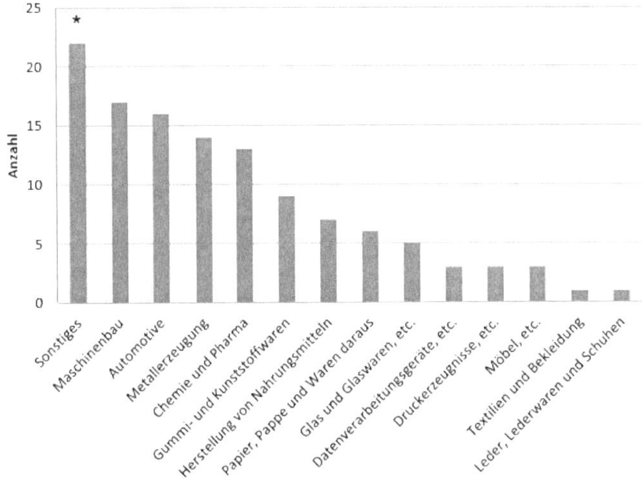

Bild 4.1: Branchenherkunft der Unternehmen

Die erste Aufgabe innerhalb des Fragebogens war die Spezifizierung von Leistungskennzahlen auf Basis der unternehmensindividuellen Bedeutung. Die Bewertung seitens der Teilnehmer erfolgte anhand der Kategorien ‚sehr wichtig', ‚wichtig', ‚nicht wichtig', ‚eher unwichtig' und ‚unwichtig'.

In Bild 4.2 sind die Ergebnisse grafisch aufbereitet. Daraus ist zu schließen, dass die KPIs Produktivität (73 %), Termintreue (71 %), DLZ (57 %) und Ausschussrate/Nacharbeit (54 %) hohen Zuspruch bei den Unternehmen besitzen. SYSKA und BÖHNISCH (2006) konnten ähnliche Ergebnisse erheben, so erzielte bspw. die Nacharbeit eine Wichtigkeit von > 90 % und die DLZ von > 85 %.[231]

[231] Vgl. Syska, Böhnisch (2006): S. 26 ff.

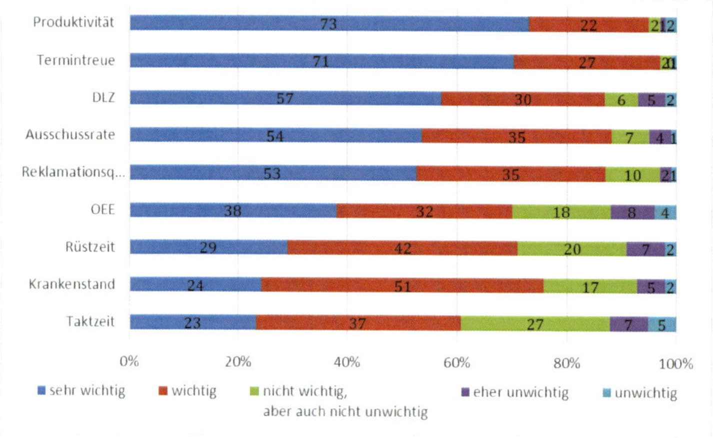

Bild 4.2: Prozentuale Bewertung von Kennzahlen

Anschließend wurde festgelegt, welche Optimierungsmethode die Unternehmen – ihrer Meinung nach – als die wertvollste betrachteten. Auf Platz 1 mit über 50 % bewerteten die befragten Unternehmen die 5S-Methode als besonders wertvoll. Circa 42 % der Unternehmen sind der Auffassung, dass visuelles Management an zweiter Stelle steht. Die restlichen ermittelten Ansätze liegen zwischen 15 % und 25 % und sind als nützlich einzustufen. Bild 4.3 veranschaulicht die Top 10 Bewertung der Unternehmen.

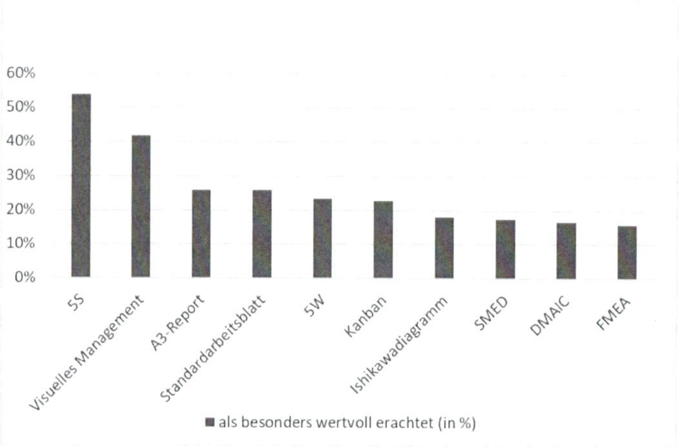

Bild 4.3: Wertvolle Optimierungswerkzeuge/-methoden

4.2.2 Gruppendiskussion

Die Gruppendiskussion dient der Erschließung eines Sachverhalts mittels Interaktion zwischen Teilnehmern.[232]

Im Vorfeld einer Gruppendiskussion ist es von großer Bedeutung, die Gruppengröße und auch die Dauer festzulegen, wobei auch hier die Meinungen sehr divergieren.[233] Während SCHREIER (2010) eine optimale Gruppengröße von fünf bis fünfzehn empfiehlt[234], rät der Arbeitskreis für qualitative Marktforschung zu maximal acht Teilnehmern.[235] Als Zeitrahmen gelten 90 Minuten bis 180 Minuten als ideal, um eine intensive und effektive Diskussion des zu untersuchenden Problems sicherzustellen.[236]

Unter der Leitung des Autors wurde im März 2016 für diese Arbeit eine Gruppendiskussion in der Modellfabrik Koblenz durchgeführt, welche 120 Minuten dauerte. Diese bestand aus sechs Teilnehmern (s. Tabelle 4.2), die alle über 10 Jahre Berufserfahrung in dem Umfeld der Montage innehaben. Fünf Experten stammten aus Produktionsunternehmen und ein Teilnehmer aus der Beratung. Aktuelles Haupttätigkeitsfeld der Experten ist die Optimierung von Produktionsprozessen.

Tabelle 4.2: Teilnehmer Gruppendiskussion

Teilnehmer	Geschlecht	Branche und Position
1	männlich	Beratungsgesellschaft, Geschäftsführer
2	männlich	Keramische Industrie, Lean Manager
3	männlich	Automotive/Zulieferer, Produktionsleiter
4	männlich	Anlagenbau, Lean Manager
5	männlich	Automotive, Lean Manager
6	männlich	Medizintechnik, Produktionsleiter

Die Gruppendiskussion beinhaltete drei Fragestellungen an die Experten. Die erste Frage zielte darauf ab, ob die Prozessoptimierung in der Produktion in Unternehmen als wichtig anzusehen ist. Nach einer kurzen Erörterungsphase wurde eine vollständige Annahme der Wichtigkeit von Prozessoptimierung auf Shopfloor-Ebene erzielt. In der zweiten Fragerunde wurden die Teilnehmer gefragt, welche Kennzahlen für sie in der Produktion, insbesondere in der Montage, wichtig sind. Dazu wurden auf Basis einer Literaturrecherche sechs Kennzahlen begründet aufgezeigt: DLZ, Produktivität, Ausschussrate, Personalkosten, Termintreue und Lagerwert/Bestände. Diese wurden mittels Punktevergabe von den Befragten bewertet und anschließend eine Rangfolge erstellt (s. Tabelle 4.3).

[232] Vgl. Lamnek (2005): S. 27.
[233] Vgl. Kühn, Koschel (2011): S. 62.
[234] Vgl. Schreier (2010): S. 222.
[235] Vgl. Berufsverband Deutscher Markt- und Sozialforscher (2011).
[236] Vgl. Kühn, Koschel (2011): S. 62.

Weiterhin ist wichtig, dass Kennzahlen überschaubar und leicht nachhaltbar sein müssen. Es hat eine eindeutige Trennung zwischen Ergebnis- und Prozesskennzahlen zu erfolgen, damit eine hohe Transparenz über die beeinflussbaren Größen erzielt wird.

Tabelle 4.3: Rangfolge Kennzahlen[237]

Kennzahl	Rang
Ausschussrate/ Anzahl Nacharbeit	1
Termintreue	2
DLZ	3
Produktivität	3
Lagerwert/Bestände	4
Personalkosten	5

Abschließend wurden die Teilnehmer gefragt, welche Methoden sie zur Optimierung der ermittelten Kennzahlen als relevant/hilfreich ansehen. Als Ergebnis sind die Prozessoptimierungsmethoden 5S, Kanban, Heijunka, Standardarbeitsblatt (SAB), Single Minute Exchange of Die (SMED) und Poka Yoke zu benennen. Dabei ist für deren Umsetzung die Anpassung der Unternehmenskultur eine wesentliche Voraussetzung.[238]

4.2.3 Methoden-Hitliste

Die Modellfabrik Koblenz führte in Zusammenarbeit mit dem Lehrstuhl für Fertigungsmesstechnik und Qualitätsmanagement am Werkzeugmaschinenlabor (WZL) der RWTH Aachen eine Literaturrecherche zur Erstellung einer Hitliste über die am häufigsten verwendeten Methoden in der Literatur durch.[239] Dazu wurde eine Stichprobe von 69 deutsch- und englischsprachigen Fachbüchern aus der Grundgesamtheit gezogen. Der inhaltliche Fokus dieser Bücher liegt im Qualitäts- und Produktionswesen. Die gezogenen Bücher wurden anschließend einer quantitativen Inhaltsanalyse – einer Methodik der empirischen Sozialforschung – mit dem Ziel der Feststellung von Sachverhalten unterzogen.[240] Besonderes Augenmerk der Wissenschaftler lag auf 38 Methoden, die aus eigener theoretischer und praktischer Erfahrung hergeleitet wurden.[241]

Auf Basis dieser Betrachtung und der Bewertung, ob die ausgewählten Methoden auch in der Literatur ‚vorhanden' oder ‚nicht vorhanden' sind, wurde folgende Methoden-

[237] Vgl. Gruppendiskussion am 17.03.2016
[238] Vgl. Gruppendiskussion am 17.03.2016.
[239] Vgl. Pötters et al. (2017): S. 2 f.
[240] Vgl. Atteslander (2010): S. 197.
[241] Vgl. Pötters et al. (2017): S. 3.

Hitliste erstellt (s. Tabelle 4.4). Aus dieser Liste ist erkennbar, dass die ersten sechs Methoden den Ansatz eines kontinuierlichen Prozessablaufs verfolgen.[242]

Tabelle 4.4: Methoden-Hitliste[243]

Rang	Methode
1	Kanban
2	Ishikawa-Diagramm, PDCA-Zyklus/ Deming-Kreis
3	Poka Yoke, Wertstromanalyse
4	5S, Heijunka
5	FMEA
6	Just in Time, Pull-Prinzip
7	Pareto-Diagramm, Qualitätsregelkarte
8	SMED
9	Prozess-, Produktions- und Qualitätsaudits, Prozessdarstellung
10	Jidoka, One-Piece-Flow, Fließfertigung, SPC, statistische Prozesskontrolle

4.2.4 Auswahl Faktoren und Antwortvariablen

Um sich auf Faktoren und Antwortvariablen mit einem hohen Verbreitungsgrad in der Produktion zu fokussieren, erfolgt an dieser Stelle eine Eingrenzung. Auf Basis der Nennungen in der Literaturrecherche und den empirisch durchgeführten Untersuchungen konnten vier Prozessoptimierungsmethoden, sowie fünf KPIs herausgestellt werden, die den Kriterien (s. Tabelle 4.5 und Tabelle 4.6) entsprachen.

Die Prozessoptimierungsmethoden 5S, SAB, Kanban und Poka Yoke werden im Produktionsumfeld als wichtig erachtet. Diese Ergebnisse stammen aus den vorgestellten Voruntersuchungen und werden bei Kriterienerfüllung mit einem ‚X' dargestellt. (s. Tabelle 4.5).

Tabelle 4.5: Auswahlmatrix der Methoden und Werkzeuge

Untersuchung/ Kriterium	In Literaturrecherche/Hitliste Top 15 enthalten?	In Gruppendiskussion als für gut anwendbar empfunden?	In Umfrage mind. unter den Top 15?
Kanban	X	X	X
SAB	X	X	X
5S	X	X	X
Poka Yoke	X	X	X

[242] Vgl. Pötters et al. (2017): S. 5.
[243] Vgl. Pötters et al. (2017): S. 5

Die in Tabelle 4.5 dargestellte Auswahl der Prozessoptimierungsmethoden beantwortet die erste untergeordnete Forschungsfrage, welche sich auf die Selektion der wichtigsten Prozessoptimierungsmethoden in der Produktion fokussiert. Die ausgewählten Methoden bilden die Inputvariablen/Faktoren mit den Ausprägungen *used* und *not used*.

Durch die Untersuchungen konnten die folgenden KPIs zur Anwendung in diesem Forschungsvorhaben ermittelt werden: Nacharbeit, Termintreue, Output/Produktivität, die Durchlaufzeit sowie der Lagerwert (s. Tabelle 4.6). Der Lagerwert ist zwar nur in der Gruppendiskussion genannt worden, wird aber aufgrund der Relevanz in der Literaturrecherche auch untersucht. Die Größe der Produktivität wurde als Ausbringungsmenge (engl. Output) innerhalb des vorgegebenen Zeitrahmens definiert.

Tabelle 4.6: Auswahlmatrix KPIs

Untersuchung/ Kriterium	In Gruppendiskussion unter den Top 5?	In Umfrage als sehr wichtig empfunden?
Nacharbeit	X	X
Termintreue	X	X
Output	X	X
Durchlaufzeit	X	X
Lagerwert	X	

Die ermittelten KPIs können den Dimensionen Qualität, Kosten und Zeit zugeordnet werden. Produktionsunternehmen streben die kontinuierliche Verbesserung aller drei Zielgrößen an.[244]

Die ausgewählten Faktoren, Faktorstufen und Antwortvariablen können wie folgt zusammengefasst werden:

Faktoren	: 5S, Kanban, SAB, Poka Yoke
Faktorstufen	: used, not used
Antwortvariablen	: Lagerwert, DLZ, Nacharbeit, Output, Termintreue

[244] Vgl. Lödding (2014): S. 23.

4.2.5 Beschreibung ausgewählter Prozessoptimierungsmethoden/Faktoren

Zur Herstellung eines einheitlichen Verständnisses über die erhobenen Prozessoptimierungsmethoden werden diese mittels einer allgemeinen Kurzbeschreibung erläutert.

Standardarbeitsblatt (SAB)

Standardisierung ermöglicht eine sichere, effiziente und verlässliche Iteration von Prozessen. Ebenso ist das Erkennen von Abweichungen und Verbesserungspotenzialen mittels Standardisierung möglich.[245] Das Standardarbeitsblatt (SAB) stellt ein organisatorisches Mittel dar, mit dessen Hilfe Arbeitsprozesse analysiert, optimiert, standardisiert und dokumentiert werden.[246] Es findet überwiegend in der mittleren und unteren Führungsebene Verwendung, um Mitarbeiter anzulernen sowie Verbesserungspotentiale zu erkennen.[247] Das SAB dient grundsätzlich zur Visualisierung.[248]

Es ist als betriebliches Standardformular anzusehen, das Details zu jedem Arbeitsschritt eines Arbeitsplatzes beschreibt und zu Schulungs- und Trainingszwecken dient.[249] Die Erstellung erfolgt gewöhnlich vom jeweils beteiligten Mitarbeiter des Produktionsplatzes.[250] Grundlegendes Ziel eines Standardarbeitsblatts ist die Darstellung eines Prozesses, der, nach derzeitigem Wissensstand, das optimale Ergebnis erzeugt.[251] Ein Standard entsteht als Folge einer Verbesserungsmaßnahme.[252] Ein definierter Standard stellt einen erreichten Zielzustand dar, der wie eine Art Keil den Prozess vor Rückschritten bewahren soll.[253] Standards haben jedoch nur temporäre Gültigkeit und müssen ständig hinterfragt und neu festgelegt werden. Bei Toyota befinden sich zum Beispiel an jedem Arbeitsplatz deutlich sichtbare Standardarbeitsblätter, die seit über 40 Jahren den gleichen Strukturrahmen aufweisen[254]. U. a. werden folgende Elemente visualisiert:

- Taktzeit (Cycle Time):
  Die Taktzeit beschreibt die benötigte Zeit, um eine Arbeitsabfolge abzuschließen.[255]
- Arbeitsabfolge (Work Sequence):
  Die Arbeitsabfolge bezieht sich auf die Sequenz der Arbeitsschritte, in der ein Arbeiter ein Werkstück bearbeitet.[256]

---

[245] Vgl. Dombrowski, Mielke (2015): S. 159.
[246] Vgl. Clement, Lacher (2016): S.46.
[247] Vgl. Yagyu (2009): S.91.
[248] Vgl. Conrad (2016): S. 39.
[249] Vgl. Dombrowski, Mielke (2015): S. 153.
[250] Vgl. Schneider (2016): S. 134.
[251] Vgl. Reitz (2008): S.97.
[252] Vgl. Gorecki, Pautsch (2014): S.70.
[253] Vgl. Rother (2009): S.30.
[254] Vgl. Ohno (2005): S.56.
[255] Vgl. Laraia et al. (1999): S.56.
[256] Vgl. Ohno (2005): S.57.

Bild 4.4 zeigt beispielhaft die Montageschritte einer Getriebemontage.[257]

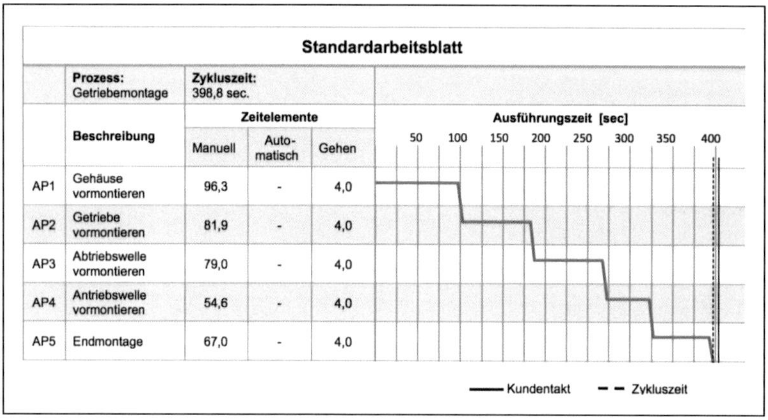

Standardarbeitsblatt

	Prozess: Getriebemontage	**Zykluszeit:** 398,8 sec.			
	Beschreibung	**Zeitelemente**			**Ausführungszeit [sec]**
		Manuell	Auto-matisch	Gehen	50 100 150 200 250 300 350 400
AP1	Gehäuse vormontieren	96,3	-	4,0	
AP2	Getriebe vormontieren	81,9	-	4,0	
AP3	Abtriebswelle vormontieren	79,0	-	4,0	
AP4	Antriebswelle vormontieren	54,6	-	4,0	
AP5	Endmontage	67,0	-	4,0	

Bild 4.4: Standardarbeitsblatt einer Getriebemontage[258]

Wesentlich für den Nutzen eines Standardarbeitsblattes ist das Verständnis aller Betroffenen für diese Methodik. Dieses Vorgehen soll keine Einschränkung für Kreativität und neue Ansätze darstellen; ganz im Gegenteil, neue Ideen und Verbesserungsvorschläge sind sogar ausdrücklich erwünscht. In diesem Fall ist es jedoch notwendig, Veränderungen zu dokumentieren und auf alle Arbeiter an diesem Arbeitsplatz zu übertragen.[259] Dadurch können Erkenntnisse und Verbesserungen in relativ kurzer Zeit auf alle gleichartigen Prozesse übertragen werden, wodurch die Flexibilität des Produktionssystems steigt.[260] Durch die Definition von Standards erhöht sich außerdem die Transparenz, sodass Prozesse auf Verschwendung und Verbesserungspotentiale hin analysiert und optimiert werden können. Besonders zu beachten ist, dass Standardisierung zusammen mit bestimmten Managementroutinen stattfindet, damit definierte Standards tatsächlich ausgeübt, sie aber auch einem ständigen Verbesserungsprozess unterzogen werden.[261]

Kanban

Unter Kanban ist ein selbststeuernder Regelkreis zur Materialversorgung einzelner Produktionsstätten zu verstehen.[262] Kanban ist eine Methode zur Erzielung eines Just-in-Time-Produktionssystems mit dem Ziel der Bestandsreduzierung.[263] Das heißt, dass

---

[257] Vgl. Lotter, Wiendahl (2012): S. 92.
[258] Lotter, Wiendahl (Hrsg.) (2012): S. 93.
[259] Vgl. REFA (2011): S.179.
[260] Vgl. Clement, Lacher (2016): S.47.
[261] Vgl. Gorecki, Pautsch (2014): S.72.
[262] Vgl. Syska (2006): S. 68 f.
[263] Vgl. Sugimori et al. (1977): S. 559.

die erforderlichen Materialien zur richtigen Zeit in der richtigen Menge am richtigen Ort zur Verfügung stehen.[264] Das Wort ‚Kanban' stammt aus dem Japanischen und steht für ‚Karte', welche im Regelkreis eine entscheidende Rolle spielt.[265] Sie enthält alle erforderlichen Informationen zu den benötigten Rohstoffen oder Halbfertigfabrikaten und dient als Signalträger.[266]

Die Entwicklung dieser Methode geht auf TAIICHI OHNO zurück, der das Prinzip der Warenversorgung aus US-amerikanischen Supermärkten in die Toyota-Produktion adaptierte.[267] Der wesentliche Impuls, der zur Einführung von Kanban führte, war das Bestreben, Überproduktion zu vermeiden.[268] Ein Kanban-System besteht im Wesentlichen aus einem Kunden (Senke) und einem Lieferanten (Quelle), die innerhalb eines Regelkreises den Materialfluss und den Bedarf mittels Informationsträgern verbrauchsorientiert steuern.[269] Als Informationsträger setzte OHNO Karten (japanisch ‚Kanban') ein.[270] Die Kanban-Karte enthält sämtliche für die Materialversorgung notwendige Informationen, z. B. Artikelnummer und -name, Stückzahl, Lieferant und Kunde (s. Bild 4.5). Heute gibt es verschiedene weitere Arten der Signalübertragung, z. B. Sicht-, Behälter-, Tafel- und E-Kanban sowie Stellflächen und Transportwagen als Kanban.[271]

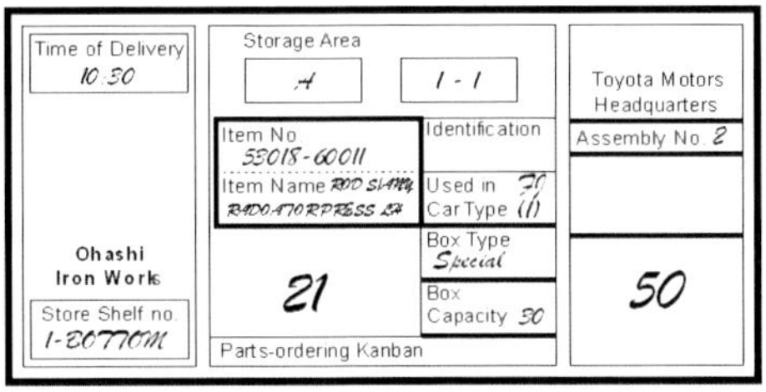

Bild 4.5: Darstellung Kanban-Karte[272]

Auslöser des Kanban-Kreislaufs ist eine Entnahme des entsprechenden Produkts am Ende des Produktionsprozesses (z. B. Entnahme aus dem Fertigwarenlager).[273] Diese Entnahmereihenfolge setzt sich durch den weiteren Produktionsprozess fort. Der Material- und Informationsfluss verläuft dabei entgegengesetzt. In Übertragung auf Bild 4.6 hat die Entnahme aus dem Fertigwarenlager zur Folge, dass der Prozess der Endmontage beginnt, um den Bedarf des Fertigwarenlagers zu decken. Daraufhin wird der

---

[264] Vgl. Zelewski et al. (2008): S. 621.
[265] Vgl. Thaler (1999): S. 155.
[266] Vgl. Schulte (1991): S. 201.
[267] Vgl. Black, Miller (2008): S. 131.
[268] Vgl. Ohno (1993): S. 52.
[269] Vgl. Dombrowski, Mielke (2015): S. 114.
[270] Vgl. Markland et al. (1998): S. 650.
[271] Vgl. Schneider (2016): S. 249 f.
[272] Eigene Abbildung i. A. a. Japan Management Association (1989): S. 85.
[273] Vgl. Robotham et al. (2007): S. 265.

nächste Regelkreis ausgelöst und die Vormontage startet die Produktion zur Bedarfsdeckung der Endmontage.

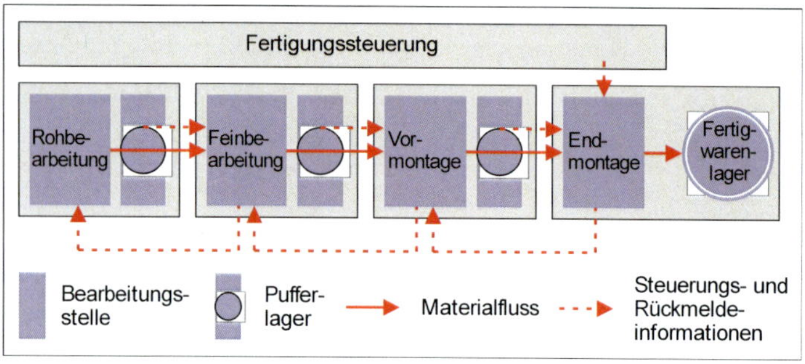

Bild 4.6: Kanban-Regelkreis zur Fertigungssteuerung[274]

Innerhalb einer Produktion kann auch ein leerer Kanban-Behälter als Auslöser für eine Befüllung oder einen Austausch gegen einen befüllten Behälter angesehen werden.[275]

Im jeweiligen Regelkreis besitzt jede benötigte Komponente ihren eigenen Kanban-Behälter (z. B. Container) in exakt vorgegebener (möglichst geringer) Stückzahl.[276] Die Nachlieferung erfolgt in exakt definierter Menge und Art (gemäß Kanban-Karte) an die nachgelagerte Stelle. Dadurch werden die Materialversorgung und die Wertschöpfungsprozesse eigenständig geregelt.[277] Die Materialversorgung wird somit durch den jeweiligen Mitarbeiter autorisiert.[278]

Nach Erlach (2010) unterliegt ein Kanban-System bestimmten Regeln:[279]

1. Produktion nur bei Existenz eines Kanbans in exakt angegebener Losgröße.
2. Liegen keine Prioritätsregeln vor, erfolgt die Produktion in Reihenfolge der Entnahme.
3. Volle Kanban-Behälter sind mit je einem Kanban zu versehen.
4. Jeder Kanban-Behälter besitzt einen fest adressierten Stellplatz.
5. Material- und Kanbantransport erfolgen mittels Fahrplan (durchgeführt von Logistikern).
6. Behälter- und Kanbananzahl sind zyklisch einer Prüfung zu unterziehen.

Folgende Ziele sind mittels einer konsequenten Anwendung der Kanban-Methodik erzielbar: minimale Bestände, effizientere Arbeitsplätze sowie transparente Prozesse.[280]

---

274 Eigene Abbildung i. A. a. VDI 2870-2 (2013): S. 86.
275 Vgl. Jones, Robinson (2012): S. 396.
276 Vgl. Schonberger (1982): S. 221.
277 Vgl. Myerson (2012): S. 63.
278 Vgl. Werner (2013): S. 168.
279 Vgl. Erlach (2010): S. 197.
280 Vgl. Geiger et al. (2003): S. 18 f.

5S

5S erlangte durch TAIICHI OHNO (TPS) und SHIGEO SHINGO große Bekanntheit.[281] Die 5S-Methode[282] dient zur Schaffung eines aufgeräumten, sauberen, stabilen und sicheren Arbeitsplatzes[283] sowie der Vermeidung von Verschwendungen.[284] 5S führt bei erfolgreicher Implementierung u. a. zu Standardisierung, Verbesserung von Qualität, Sicherheit und Effizienz, Reduzierung von Abfällen und Betriebsstörungen.[285]
Darüber hinaus dient das 5S-System auch zur Umsetzung eines Kulturwandels, der häufig Voraussetzung für weitere Lean-Operationen ist.[286] Die Einführungsdauer beträgt gemäß VDI 2870 unter 6 Monate und ist als kostengünstig zu bewerten.[287] Jedes ‚S' steht für eine Phase des Zyklus (s. Tabelle 4.7):

Tabelle 4.7: Übersicht 5S-Methode

S	Einzelschritt	Beispiele[288]
Seiri (Sortieren)	Identifiziere nicht benötigte Gegenstände am Arbeitsplatz und entferne diese.[289]	Müll entfernen
Seiton (Systematisieren)	Benötigte Elemente in fester Reihenfolge anordnen. Innerhalb dieses Schrittes sind Layout, Material- und Informationsfluss des Arbeitsplatzes zu beachten.[290]	schneller Zugriff auf Dokumentationen
Seiso (Säubern/Sichtbar machen)	Regelmäßige Reinigung von Arbeitsflächen fördert die Arbeitsqualität und schafft ein sauberes Arbeitsumfeld. Des Weiteren sollte alles visualisiert werden.[291]	Verantwortung der Sauberkeit auf Personen übertragen
Seiketsu (Standardisieren)	Standardisierung reduziert unnötige Variabilität am Arbeitsplatz, die oftmals eine Fehlerursache ist.[292]	Transparenz in der Anordnung schaffen
Shitsuke (Selbstdisziplin)	Selbstdisziplin bedeutet die nachhaltige Anwendung und Pflege der einzelnen Schritte.[293]	5S täglich ausführen und verbessern

[281] Vgl. Sarkar (2006): S. 1.
[282] Deutsches Synonym: 5A-Methode (Aussortieren, Anordnen/Aufräumen, Arbeitsplatz sauber halten, Anordnung zur Regel machen, Schritte zyklisch wiederholen), vgl. Lunau et al. (2014): S. 272.
[283] Vgl. Davim (2015): S. 5.
[284] Vgl. Dombrowski (2015): S. 107.
[285] Vgl. Robotham et al. (2007): S. 156.
[286] Vgl. Heizer, Render (2014): S. 663.
[287] Vgl. VDI 2870-2 (2013): S. 9.
[288] Vgl. Ho (1997): S. 186.
[289] Vgl. Goldsby, Martichenko (2005): S. 235.
[290] Vgl. Myerson (2012): S. 50.
[291] Vgl. Künzel, Schrader (2016): S. 329.
[292] Vgl. Howard, Duray (2013): S. 118 f.
[293] Vgl. Shingo, Dillon (1996): S. 19.

Trotz Ordnungs- und Organisationsarbeiten in Unternehmen tauchen laut KOBAYASHI Defizite hinsichtlich dieser Aktivitäten auf. In vielen Betrieben kehrt der ursprüngliche desorganisierte Zustand bereits kurz nach einem größeren Aufräum- und Organisationsvorhaben zurück.[294] Dementsprechend ist es laut HEMPEN unvermeidlich, Managementroutinen im Unternehmen aufzubauen, in denen sowohl Differenzen vom vorgegebenen Standard festgestellt als auch Aktionen zur Entfernung dieser Abweichungen definiert und nachweisbar umgesetzt werden. Erst durch die Einführung solcher Regelprozesse ist es möglich, die 5S-Ziele nachhaltig zu erreichen.[295]

Poka Yoke

Poka Yoke bezeichnet eine Methodik zur Fehlervermeidung, die durch SHIGEO SHINGO, einem der maßgeblichen Mitgestalter des Toyota-Produktionssystems, formuliert wurde.[296] Ziel war die Entwicklung eines Konzepts, das einen Null-Fehler-Prozess ermöglichen soll[297] und folglich alle weiteren Qualitätskontrollen eliminieren würde.[298] Das Prinzip von Poka Yoke bezieht sich auf solche Prozesse, die durch den Menschen bestimmt werden, da bei genau jenen ein besonders hohes Potential für Fehlerbildung angenommen wird.[299] Das japanische Wort Poka bedeutet so viel wie „unglücklicher Fehler“ oder „Versehen“, das Wort Yoke bedeutet „vermeiden“ oder „verhindern“.[300] Nach NIKKAN KOGYO SHIMBUN können folgende menschliche Fehlerarten kategorisiert werden:

1. Arbeitsgänge auslassen/vergessen
2. Fehler durch Missverständnisse
3. Fehler durch falsche Identifikation
4. Fehler aufgrund mangelnden Wissens/mangelnder Erfahrung
5. Fehler durch Missachtung von Richtlinien/Regeln
6. Versehentliche Fehler
7. Fehler aufgrund mangelnder Standardisierung
8. Fehler aufgrund unerwarteter Geschehnisse
9. Manipulative Fehler[301]

Poka Yoke soll mit einfachen Mitteln dafür sorgen, dass Fehler in Prozessen, beispielsweise bei der Benutzung von Anlagen oder Maschinen, vorgebeugt werden.[302] Folglich

[294] Vgl. Kobayashi (1994): S.29.
[295] Vgl. ifaa, Hempen (2016): S.136.
[296] Vgl. Sondermann (2013): S.5.
[297] Vgl. Shingo (1986): S.99.
[298] Vgl. Shimbun (1989): S.XI.
[299] Vgl. Kamiske (2015): S.183.
[300] Vgl. Gorecki, Pautsch (2013): S.199.
[301] Vgl. Shimbun (1989): S.10f.
[302] Vgl. Gorecki, Pautsch (2013): S.200.

müssen zunächst Fehlhandlungen oder Fehlerrisiken erkannt werden, um entsprechende Maßnahmen einzuleiten, noch bevor der Fehler auftreten kann.[303] Beispielsweise werden Komponenten so konstruiert, dass eine falsche Montage oder Benutzung gar nicht erst möglich ist.[304]

Nach GORECKI und PAUTSCH liegt ein wichtiger Vorteil von Poka Yoke darin, dass diese Methodik keinen weiteren Prozessschritt erfordert, sondern lediglich in einen bereits vorhandenen Schritt integriert wird. Somit werden keine Kosten aufgrund von Nacharbeit oder Verschrottung anfallen.[305] Darüber hinaus gilt diese Fehlervermeidungstechnik als sehr leicht anwendbar, ohne das Erfordernis hoher Investitionen.[306] Nach SONDERMANN kann Poka Yoke als „Mitarbeiter-Assistenzsystem" angesehen werden, was nicht der Kontrolle der Menschen dienen soll, sondern lediglich eine Hilfe zur fehlerfreien Arbeit darstellt. Oftmals werden die besten Fehlervermeidungsmaßnahmen zusammen mit den Betroffenen auf dem Shopfloor entwickelt.[307] Dabei sollen Prozesse oder Produkte so gestaltet werden, dass Fehleroperationen physisch unmöglich sind („narrensicher"[308]) und keine Anomalien entstehen können.[309] Um einen Falscheinbau auszuschließen, können z. B. Bauteile bereits während der Konstruktion mit Konturen versehen werden.[310] Bild 4.7 verdeutlicht die Berücksichtigung der Poka-Yoke-Methode mittels konstruktiver Merkmale. Die Anwendung dieser Methode beschränkt sich dabei nicht ausschließlich auf das konstruktive/fertigungstechnische Umfeld. Auch Rohmaterialbestellungen können dahingehend überprüft werden, ob tatsächlich das exakt benötigte Material bestellt wurde.[311] Gemäß der Zehnerregel, anhand derer sich die Kosten nicht erkannter Fehler mit zunehmender Anzahl an Folgeprozessen jeweils um den Faktor 10 erhöhen, führt Poka Yoke durch die Fehlervermeidung – bereits in frühem Stadium – zu einer erheblichen Kostenersparnis.[312] Die Methode Poka Yoke besteht dabei aus einer Prüffunktion (Fehlerursachenerkennung), einer Auslösefunktion (Toleranzgrenzen des Bauteils überschritten) und einem Regelmechanismus (löst Signalton für fehlerhaftes Bauteil aus).[313] Die Fehlersicherungsschritte lassen sich als Problemidentifikation, Priorisierung, Ermittlung der Problemursachen, Lösungserstellung und Messung der Ergebnisse beschreiben.[314]

---

[303] Vgl. Sondermann (2013): S. 6
[304] Vgl. Brunner (2017): S.118.
[305] Vgl. Black, Miller (2008): S.33.
[306] Vgl. Gorecki, Pautsch (2013): S.202.
[307] Vgl. Sondermann (2013): S.67ff.
[308] Vgl. Russell, Taylor (2009): S 702.
[309] Vgl. Fujimoto (1999): S. 291.
[310] Vgl. Dombrowski, Mielke (2015): S. 88.
[311] Vgl. Goldsby, Martichenko (2005): S. 87.
[312] Vgl. Schneider (2016): S. 120.
[313] Vgl. Lunau et al. (2014): S. 278.
[314] Vgl. Taghizadegan (2006): S. 169.

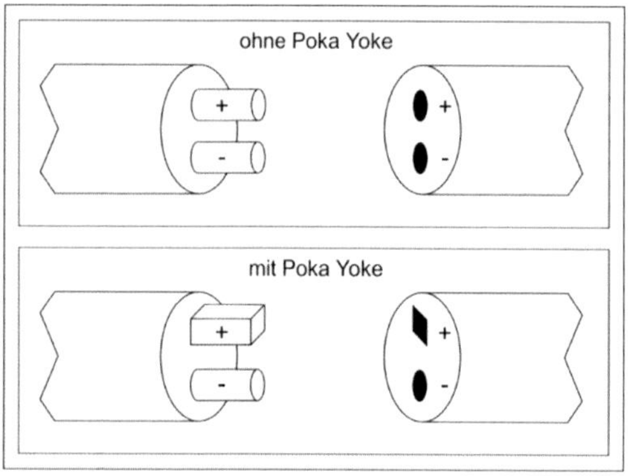

Bild 4.7: Poka-Yoke-Anwendung[315]

4.2.6 Beschreibung ausgewählter KPIs

Zur Verifizierung der Effekte der eingesetzten Prozessoptimierungsmethoden eignen sich besonders KPIs, da ihre Bedeutung eine quantitative Aussage über die Konkurrenzfähigkeit und Leistungsfähigkeit[316] des Produktionssystems zulässt.[317] Heutzutage werden sie als unternehmensspezifische Indikatoren definiert und dienen der kritischen Auseinandersetzung mit der aktuellen Unternehmenssituation.[318] Die Charakteristika bilden dabei die einfache, zusammenfassende, schnelle[319] und verdichtende Darstellung der Informationen.[320] Dazu folgt an dieser Stelle eine kurze allgemeine Definition. Die Betrachtung der KPIs liegt rein auf der Veränderung der Leistungsfähigkeit zur Ermittlung resultierender Effekte.

Lagerwert

Der Lagerwert ergibt sich aus der Bestandsmenge der Roh-, Zwischen- und Fertigprodukte, welche in einem Produktionssystem hergestellt werden, multipliziert mit einem Preis für das Produkt.[321]

Durchlaufzeit (DLZ)

Nach VDI 2870-1 (2012) ist die Durchlaufzeit als die Zeit zwischen dem Startpunkt eines Auftrags (erster Prozessschritt) bis zum Endpunkt des Auftrags (letzter Prozessschritt) definiert.[322]

---

315 Eigene Abbildung i. A. a. VDI 2870-2: S. 34.
316 Vgl. Amann, Petzold (2014): S. 156.
317 Vgl. Sennheiser, Schnetzler (2008): S. 190.
318 Vgl. Parmenter (2015): 7 f.
319 Vgl. Gladen (2014): S. 10.
320 Vgl. Gadatsch, Krupp, Wiesehahn (2017): S. 41 f.
321 Vgl. Wille (2016): S. 161 und Seeck (2010): S. 77.
322 Vgl. VDI 2870-1 (2012): S. 58.

Nacharbeit

Produkte, welche die qualitativen Ansprüche der nachfolgenden Produktionsprozessschritte bzw. des Kunden nicht erfüllen, benötigen eine Nacharbeit oder müssen entsorgt werden.[323]

Output

Der Output (Ausbringungsmenge) bildet die Summe der mengenmäßigen Ausbringung einer Produktion innerhalb eines definierten Zeitraums ab.[324]

Termintreue

Die Termintreue ist die Summe der zum richtigen Zeitpunkt gelieferten Menge.[325]

4.3 Auswahl des Experimentdesigns

Aus der leitenden Forschungsfrage dieser Arbeit ist zu erkennen, dass die Effektivität von Prozessoptimierungsmethoden innerhalb eines experimentellen Umfelds (Serienmontage) untersucht werden soll. Zur Analyse der Effektivität eignet sich der vollfaktorielle Ansatz der statistischen Versuchsplanung, bei dem alle möglichen Faktorkombinationen berücksichtigt werden.

4.3.1 Erstellung vollfaktorieller Versuchsplan (2^k-Faktoren)

Ein Versuchsplan bildet den Rahmen der durchzuführenden Testreihen innerhalb des Experiments ab. Der Umfang der Testreihen wird durch die Faktorenanzahl (4) und Faktorstufen (2) bestimmt. Mathematisch lassen sich so die maximalen Faktorkombinationen (m) eines 2^k-Faktoren-Plans ermitteln, wobei 2 für zwei Faktorstufen steht und k für die Faktorenanzahl gemäß Formel (1).[326]

$$m = 2^k \tag{1}$$

$m = maximale\ Faktorkombinationen$

$2 = Faktorstufen$

$k = Faktorenanzahl$

Anhand dieser mathematischen Grundlage ist für das weitere Vorgehen ein Versuchsplan mit 16 Kombinationsmöglichkeiten (=Versuchsläufe) mittels Minitab erstellt worden. Dieser ist in Bild 4.13 enthalten. In der Kopfzeile sind die einzelnen Faktoren aufgeführt. Die linke, äußere Spalte benennt die 16 durchzuführenden Versuchsläufe und in den dazugehörigen Zeilen die jeweilige Faktorstufeneinstellung. Versuchslauf 12

---

[323] Vgl. Dombrowski et al. (2009): S. 165.
[324] Vgl. Gabler (2013): S. 332.
[325] Vgl. Kletti, Schuhmacher (2014): S. 129.
[326] Vgl. Kleppmann (2008): S. 106.

zeigt auf, dass keine Methode eingesetzt wird. Dieser Lauf wird im Folgenden als ‚Ausgangslage (Referenzrunde)' bezeichnet. Der Versuchsplan wurde 3-mal randomisiert repliziert, damit die Effekte nicht relevanter Bedingungen ausgeglichen werden, die die Ergebnisse des Planspiels beeinträchtigen könnten.

4.3.2 Modelllayout

Zur Abbildung des geeigneten Modells wurde ein Planspiel, als Abbild einer Serienmontage, innerhalb eines Produktionssystems entwickelt und bildet für den weiteren Verlauf die Begriffsdefinition ‚Modell' ab.

Bild 4.8 veranschaulicht den Aufbau der Serienmontage mit den einzelnen Arbeitsstationen des Planspiels. An diesen werden unterschiedliche produktionswirtschaftliche Aufgaben abgebildet. Die Montage des (Spielzeug-)LKWs (s. Bild 4.9) wird an den Produktionsplätzen 1 und 2 sowie der Endmontage von je einem Montagemitarbeiter durchgeführt. Halbfertigprodukte können inmitten der einzelnen Montageplätze zwischengelagert werden. Zwei weitere Mitarbeiter (Logistiker) stellen die Materialversorgung der Montageplätze über die ausgewiesenen Lagerflächen sicher. Am Ende der Montagelinie ist eine Endkontrolle angesiedelt. An diesem Arbeitsplatz führt ein Qualitätsmitarbeiter die abschließende Qualitätskontrolle durch.

Somit ist der Startpunkt des Montageprozesses an Produktionsplatz 1 definiert und den Endpunkt bildet die Endkontrolle bzw. die Bereitstellung des LKWs am Warenausgang ab. Der Materialfluss ist von links nach rechts gerichtet und der Aufbau des Planspiels ist als standardisiertes Modell zur weiteren Datenerhebung anzusehen.

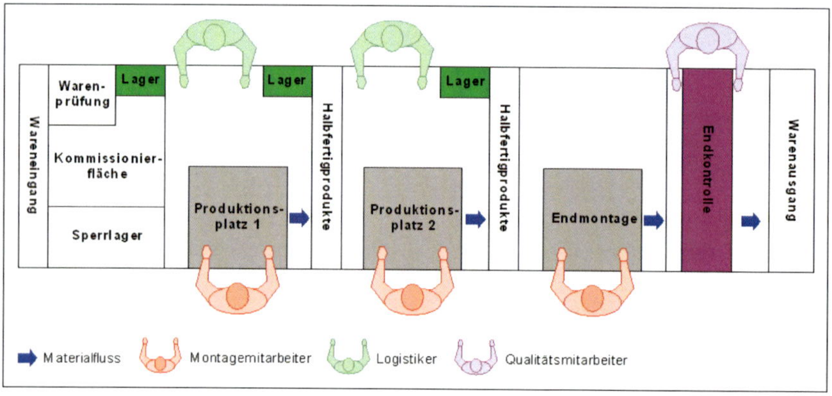

Bild 4.8: Planspielaufbau[327]

[327] Eigene Abbildung i. A. a. Pötters et al. (2017a).

4.3.3 Beschreibung und Durchführung Planspiel

Aus Unterkapitel 4.3.2 sind der konzeptionelle und der prinzipielle Ablauf des Planspiels zur Datenerhebung ersichtlich. Nachfolgend werden der Ablauf des Planspiels und speziell die Montage detailliert beschrieben.

Das zu montierende Produkt besteht aus acht Bauteiltypen und insgesamt 20 Bauteilen, die mittels Steck- und Schiebeverbindungen montiert werden (s. Bild 4.9).

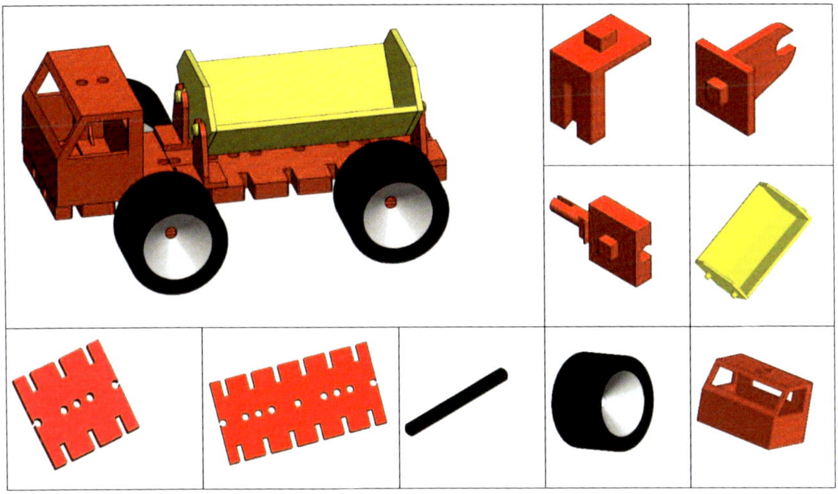

Bild 4.9: LKW und Bauteile

Am Anfang der Fließfertigung befindet sich der Wareneingang. Nach einer Prüfung der angelieferten Teile werden diese an die entsprechenden Lager je Montageplatz verteilt. Der Montageprozess beginnt an Produktionsplatz 1. Der Mitarbeiter entnimmt für den ersten Montageschritt die Bauteile: 1x große Platte, 1x kleine Platte und 2x Verbindungsstab (gemäß Bild 4.10) aus dem spezifischen Lager des Montageplatzes und fügt diese zusammen.

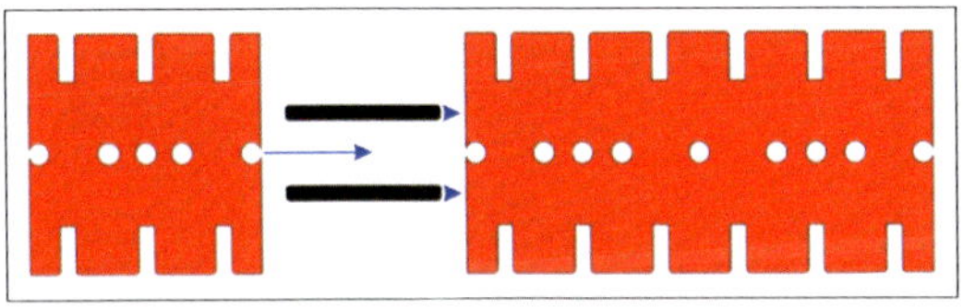

Bild 4.10: Montageschritt Produktionsplatz 1

Nach Abschluss des ersten Montageschritts lagert der Produktionsmitarbeiter das Halbfertigerzeugnis in das Zwischenlager ein. Von dort kann der Montagemitarbeiter des Produktionsplatzes 2 dieses entnehmen und weitere Bauteile montieren. Dazu benötigt er 2x L-Stück, 4x Achse, 4x Reifen und 4x Greifer. Pro Seite müssen jeweils zwei Achsen auf der Unterseite der Platten angebracht werden, die als Aufnahme der Reifen fungieren. Die Greifer dienen zur Befestigung der im nächsten Arbeitsschritt folgenden Ladefläche. Aus diesem Grund werden jeweils zwei Greifer pro Seite an der großen Platte angebracht. Die L-Formen werden zur Stabilisation des Führerhauses benötigt. Hiervon wird je Seite eine L-Form an die kleine Platte gesteckt. Dieser Arbeitsschritt ist besonders herausfordernd, da bei einer falschen Positionierung bspw. der Greifer oder der L-Stücke die nachfolgenden Bauteile nicht korrekt angeordnet werden können. Die Bauteile besitzen weiterhin die Eigenschaft, dass jeweils zwei Bauteile pro Aussparung montiert werden können. D. h., dass ein Bauteil auf der Oberseite montiert werden kann und gleichzeitig ein Bauteil in derselben Aussparung auf der Unterseite. Es liegt hier keine konstruktive oder bauteilbedingte Einschränkung vor. Bild 4.11 zeigt die Explosionsansicht des Halbfertigerzeugnisses. Dieses wird zwischen seinem Arbeitsplatz und der Endmontage eingelagert.

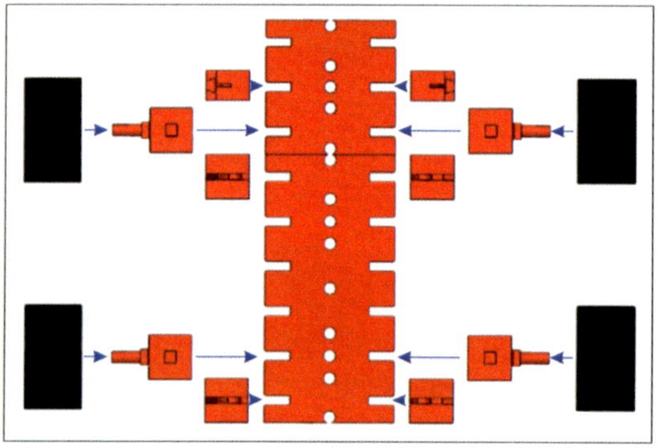

Bild 4.11: Montageschritt Produktionsplatz 2

Im dritten Schritt montiert der Endmontagemitarbeiter das Halbfertigerzeugnis und komplettiert den LKW. Dazu montiert er das Führerhaus und die Ladefläche auf das bisher vormontierte Fahrgestell von Produktionsplatz 2 (s. Bild 4.12). Nach Fertigstellung des LKWs übergibt der Mitarbeiter diesen an die Endkontrolle. Abschließend prüft der Qualitätsmitarbeiter, ob sämtliche Bauteile korrekt montiert wurden und leitet den LKW bei Fehlerfreiheit an den Warenausgang weiter. Sollte ein Qualitätsmangel vorliegen, wird der LKW zurück an die Montageplätze – zur Nacharbeit – gereicht.

Bild 4.12: Montageschritt Produktionsplatz 3

Zur Durchführung des Planspiels bedarf es je Planspielrunde (= Versuchslauf) 11 Probanden. Wie bereits in Unterkapitel 4.3.2 beschrieben, drei für die Montage, zwei für die Materialversorgung und einen für die Qualitätskontrolle. Weiterhin werden 5 Probanden benötigt, um die Einhaltung der Spielregeln zu prüfen sowie zur Erfassung der Qualitätsfehler und DLZ.

Die Aufgabe besteht darin, innerhalb einer Spieldauer von 10 Minuten so viele LKWs wie möglich herzustellen. Kundenvorgabe ist, dass der erste LKW nach 2 Minuten am Warenausgang (fehlerfrei) bereitsteht. Die Minutenanzahl wurde aus Erfahrungswerten von anderen Planspielen übernommen und wurde auch in einem Pre-Test überprüft (s. Kapitel 4.4). Sollte ein Produkt die Endkontrolle nicht bestehen, wird dieser einer Korrektur innerhalb des jeweiligen Montageplatzes unterzogen und erneut der Endkontrolle übergeben.

4.3.4 Zusammenführung von Versuchsplan und Modell

Abschließend gilt es, den vollfaktoriellen Versuchsplan und das entwickelte Modell in einem Produktionssystem zu verknüpfen. Dazu ist auf die Ansätze von PETER (2009) sowie KLETTI und SCHUMACHER (2014) zurückgegriffen worden (s. Kapitel 2.1). Diese weisen nach, dass mittels der Systemtheorie – spezielle Regelsysteme – Wirkzusammenhänge von einzelnen als auch Kombinationen von Prozessoptimierungsmethoden in einem Produktionssystem quantifiziert werden.[328]

Daraus wird für diese Arbeit der vollfaktorielle Versuchsplan zur statistischen Absicherung der Daten und zum Einsatz sämtlicher Faktorkombinationen eingesetzt. Dieser wird als Grundlage zur Bestimmung des Einsatzes von Prozessoptimierungsmethoden, die in dieser Arbeit als Regler angesehen werden, je Planspielrunde angewendet. Je nach Faktoreinstellung bzw. Methodenverwendung entstehen neue Eingangsvariablen im Planspiel (s. Bild 4.13).

[328] Vgl. Peter (2009): S. 48 f.

Nach Abschluss einer Planspielrunde werden die KPIs erhoben. Weiterhin sind Einflussgrößen auf das System zu beachten. Diese haben zur Folge, dass Ergebnisse nie exakt identisch reproduziert werden können. Fehler können ebenfalls durch unterschiedliche Einflüsse auf das Experiment entstehen, u.a. durch Qualifikationen, Fähigkeiten und Alter der Probanden.[329]

Versuchs-Nr.	SAB	Kanban	5S	Poka Yoke
1	not used	not used	used	used
2	not used	not used	used	not used
3	not used	used	not used	used
4	used	used	used	not used
5	not used	used	used	not used
6	used	not used	not used	not used
7	used	used	not used	used
8	not used	used	not used	not used
9	used	used	not used	not used
10	used	not used	used	used
11	used	used	used	used
12	not used	not used	not used	not used
13	used	not used	not used	used
14	not used	not used	not used	used
15	not used	used	used	used
16	used	not used	used	not used

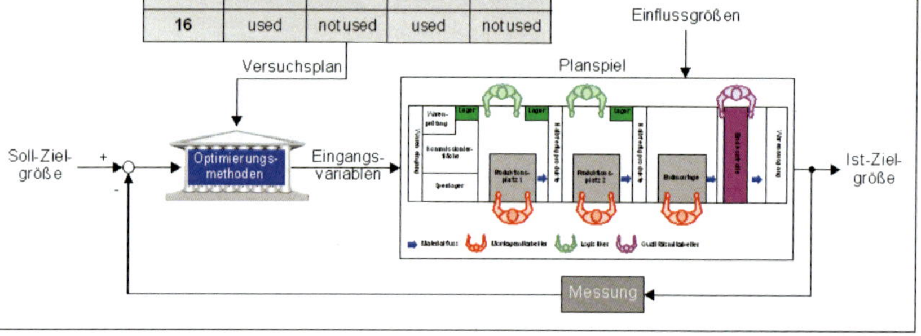

Bild 4.13: Produktionssystem des Planspiels[330]

4.3.5 Planspielspezifische KPIs und Prozessoptimierungsmethoden

Im Folgenden wird auf die Anpassung der Merkmale der einzelnen Prozessoptimierungsmethoden eingegangen und deren Anwendung im Planspiel erläutert. Weiterhin erfolgt die Beschreibung der Umsetzung von Versuchsrunde 12, in der keine Anwendung von Methoden stattfindet (gemäß Versuchsplan).

[329] Vgl. Box, Hunter, Hunter (2005): S. 17

[330] Eigene Abbildung i. A. a. an Pötters et al. (2017a); Kletti, Schumacher (2014): S. 11; Peter (2009): S. 52.

Der KPI Termintreue wird ab Beginn des Planspiels (Start der Spielzeit) zur Erfüllung der Kundenanforderung, ob der erste LKW nach zwei Minuten den Warenausgang passiert, gemessen. Die DLZ repräsentiert die Montagezeit je LKW. Sie beginnt mit der Entnahme des ersten Bauteils aus dem Lager und endet, wenn der fehlerfrei fertiggestellte LKW den Warenausgang erreicht. Jeder LKW, der den Warenausgang erreicht, bildet die Grundlage zur Erfassung des KPI Output. Liegt ein Fehler vor – bspw. ein Greifer oder ein L-Stück wurde falsch montiert – und der LKW passiert nicht die Endkontrolle, muss dieser an dem entsprechenden Montageplatz behoben werden. Jede Fehlerbehebung führt zur Erfassung der Größe Nacharbeit. Der KPI Lagerwert beschreibt im Rahmen des Planspiels alle Bestände von Bauteilen, die nach Ablauf der Spielzeit an den Montageplätzen und Lagern vorzufinden sind. Weiterhin werden Halbfertigerzeugnisse zerlegt und deren Bauteile ebenfalls erfasst. Es werden alle im Lager befindlichen Teile monetär bewertet und zum KPI Lagerwert zusammengefasst.

SAB

Für die durchzuführenden Versuchsläufe wurden SABs erstellt. Diese beinhalten eine exakte Beschreibung und Darstellung der einzelnen Montageschritte. Die Probanden werden dadurch sowohl visuell als auch durch die Standardisierung des jeweiligen Prozessschritts unterstützt (s. Bild 4.14). Ein SAB weist hierbei jedoch keine Funktion der Materialversorgung auf, sodass die Probanden die benötigten Materialien mündlich bei den Logistikern, die die genaue Bestellmenge nicht kennen, per subjektiver Einschätzung bestellen.

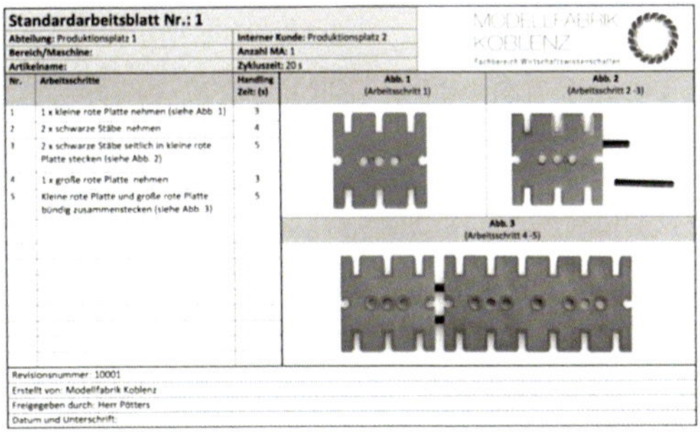
Standardarbeitsblatt Nr.: 1
Abteilung: Produktionsplatz 1 | Interner Kunde: Produktionsplatz 2
Bereich/Maschine: | Anzahl MA: 1
Artikelname: | Zykluszeit: 20 s

Nr.	Arbeitsschritte	Handling Zeit: (s)
1	1 x kleine rote Platte nehmen (siehe Abb. 1)	3
2	2 x schwarze Stäbe nehmen	4
3	2 x schwarze Stäbe seitlich in kleine rote Platte stecken (siehe Abb. 2)	5
4	1 x große rote Platte nehmen	3
5	Kleine rote Platte und große rote Platte bündig zusammenstecken (siehe Abb. 3)	5

Revisionsnummer: 10001
Erstellt von: Modellfabrik Koblenz
Freigegeben durch: Herr Pötters
Datum und Unterschrift:

Bild 4.14: Beispiel SAB Produktionsplatz 1

Auswirkung der Prozessoptimierungsmethode auf das Planspiel:

- Visualisierung und Standardisierung des Montageprozesses je Arbeitsplatz
- Materialversorgung unkoordiniert basierend auf subjektiver Schätzung

Kanban

Im Rahmen des Experiments findet das Behälter-Kanban in Kombination mit Kanban-Karten (s. Bild 4.15) Anwendung. Es bildet einen Transportregelkreis ab, in dessen Ablauf Gitterboxen mit den richtigen Bauteilen in der richtigen Menge befüllt und am richtigen Lagerort (bspw. Produktionsplatz 1) abgestellt werden. Je Montageplatz werden zwei Gitterboxen platziert. Die vordere Gitterbox ist mit den benötigten Materialien sowie einer Kanban-Karte bestückt. Sobald der jeweilige Mitarbeiter das erste Rohmaterial aus dieser Box entnimmt, wird die Kanban-Karte in die dahinterstehende Box gelegt. Die Kanban-Karte gilt nicht nur als Signal für die Logistiker, sondern enthält auch Informationen über die Art und Anzahl der benötigten Materialien. Die Logistiker füllen die Gitterboxen auf und transportieren sie zum entsprechenden Produktionsplatz.

Kanban weist jedoch keinerlei Informationen zu einzelnen Montageschritten auf. Die Probanden montieren die Bauteile nach eigenem Ermessen.

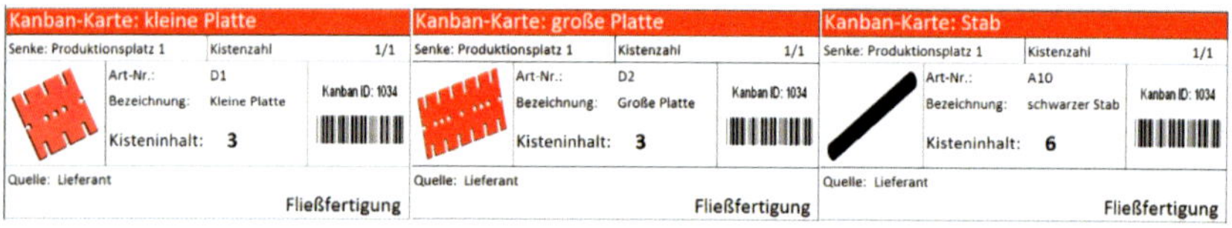

Bild 4.15: Beispiel Kanban-Karten Produktionsplatz 1

Auswirkung der Prozessoptimierungsmethode auf das Planspiel:

- Bildung einer bedarfsorientierten, selbstregelnden Materialversorgung
- Visualisierung der benötigten Bauteile mit Lieferort und Mengenangabe

5S

Die Beseitigung nicht notwendiger Werkzeuge und Materialien sowie die richtige Arbeitsplatzgestaltung eliminieren Verschwendungen, wie z. B. Suchzeiten, und steigern dadurch die Produktivität.[331] Innerhalb des Planspiels werden die Montageplätze mit Shadowboards[332] der benötigten Materialien ausgestattet (s. Bild 4.16). Die Materialien sind somit in der richtigen Reihenfolge angeordnet und für die Produktionsmitarbeiter unmittelbar griffbereit. Die Materialversorgung erfolgt durch die Logistiker. Diese entnehmen die benötigten Materialien aus dem Lager, sobald ein Teil von der markierten Fläche entnommen wird.

Die Teilnehmer erhalten keine Prozessbeschreibung zur Produktion des LKWs. Ihnen wird lediglich ein Bild des fertigen Produktes zur Verfügung gestellt.

---

[331] Vgl. Neuhaus (2016): S. 1 ff.

[332] Tafel mit farblicher Umrandung oder Schattierung, anhand derer der Lageplatz eines Bauteils oder Werkzeugs unmittelbar ersichtlich ist.

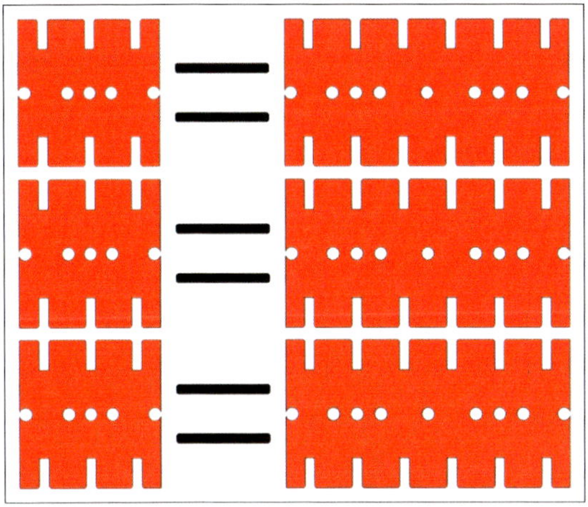

Bild 4.16: Beispiel Shadowboard Produktionsplatz 1

Auswirkung der Prozessoptimierungsmethode auf das Planspiel:

- Visualisierung der benötigten Bauteile mit Lieferort und Mengenangabe

Poka Yoke

Poka Yoke soll der Reduzierung von Montagefehlern beim Bau des LKWs dienen. Zum Einsatz kommt die Methode hauptsächlich an Produktionsplatz 1 und 2 (s. Bild 4.17 und Bild 4.18). Um Fehler in der Montage zu vermeiden, werden die Bauteile mit farblichen Klebepunkten versehen. Stellen, die miteinander verbunden werden, sind mit der gleichen Farbe und Form gekennzeichnet. Hiervon ausgeschlossen sind Stäbe, Achsen, Reifen, Ladefläche und das Führerhaus. Die Kennzeichnungen sind vor Experimentbeginn vorzunehmen. Im Produktionsschritt 1 werden die kleine und die große Platte mittels Stäben miteinander verbunden. Grundsätzlich wird an dieser Stelle punktuell Poka Yoke genutzt, wodurch keine komplette Fehlervermeidung ausgeschlossen werden kann.

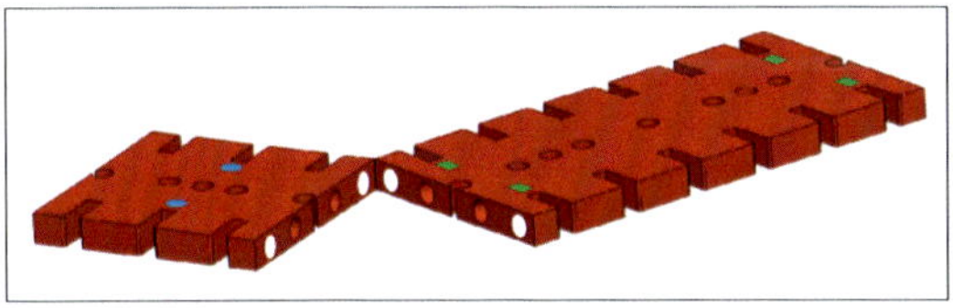

Bild 4.17: Beispiel Poka Yoke Produktionsplatz 1

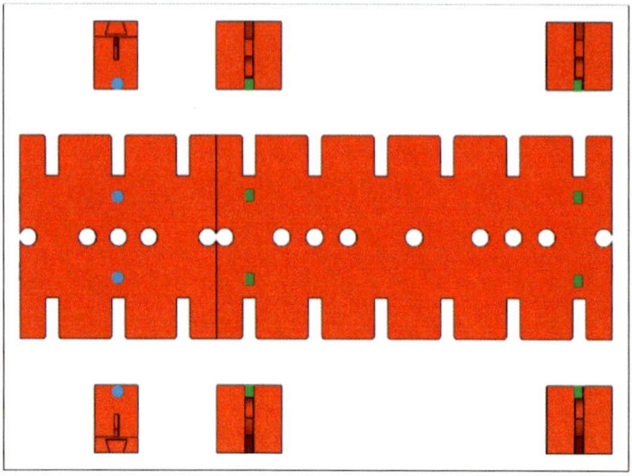

Bild 4.18: Beispiel Poka Yoke Produktionsplatz 2

Auswirkung der Prozessoptimierungsmethode auf das Planspiel:

- Visualisierung der Montage der Bauteile sowie definierte Steckplätze je Produktionsplatz
- Reduzierung der Fehlerquote durch farbliche und symbolische Kennzeichnungen

Ausgangslage (Referenzrunde)

Begründet durch die Ergebnisse der Planspielrunde 12 bedarf es der Entwicklung von Rahmenbedingungen für eine Runde ohne Methodeneinsatz. Dazu wurde die Referenzrunde entwickelt, die den Ausgangszustand einer unorganisierten Montage ohne Verwendung von Prozessoptimierungsmethoden darstellt. Die Probanden erhalten lediglich ein Abbild des LKWs in Papierform und sämtliche Montageplätze werden mit allen insgesamt verfügbaren Materialien ausgestattet. Dies bedeutet, dass den Probanden auch Bauteile zur Verfügung gestellt werden, die sie zur Fertigstellung des Produktionsschrittes nicht benötigen. Ihnen fehlen Kenntnisse über die am Arbeitsplatz zu verrichtenden Tätigkeiten und die einzusetzenden Materialien.

Die eingeteilten Logistiker tragen die Verantwortung für die Materialversorgung, die auf Zuruf/nach eigenem Ermessen erfolgt.

Auswirkung der ‚Ausgangslage' auf das Planspiel:

- Visualisierung nur mittels Abbild in Papierform des LKWs
- Materialversorgung unkoordiniert basierend auf subjektiver Schätzung

4.4 Pre-Test

Nach der Entwicklung des Planspiels und vor der Durchführung der Hauptuntersuchung gilt es, das entwickelte Erhebungsinstrument innerhalb eines Pre-Tests zu überprüfen.[333] Dabei werden die Anwendbarkeit, Vollständigkeit, Verstehbarkeit und Qualität geprüft.[334]

Um diesen Pre-Test mit möglichst geringem Aufwand durchzuführen, wurden zum Test 44 Studierende der Hochschule Koblenz mit dem Schwerpunkt Produktionswirtschaft eingeladen. Daraus resultierend konnten vier Planspielrunden durchgeführt werden. Dabei wurden die Faktoren Kanban und SAB mittels zweifaktoriellem Versuchsplan eingesetzt (s. Bild 4.19). Die Auswahl dieser beiden Prozessoptimierungsmethoden erfolgte durch die zuvor stattgefundene Gruppendiskussion. Die Faktoren Poka Yoke sowie 5S wurden aufgrund der bereits erwähnten Aufwandsreduzierung nicht getestet. Der Faktor Mensch ist als Einflussgröße zu benennen. Da der Pre-Test auch die Realitätsnähe prüfen soll, sind die Probanden weibliche sowie männliche Personen zwischen 20 und 30 Jahren, die auch im eigentlichen Planspiel eingesetzt werden.[335]

Die mittels Pre-Test generierten Daten wurden im Anschluss mit Hilfe von Minitab analysiert. Die Auswertung der Ergebnisse zeigte, dass statistisch signifikante Effekte – unter Verwendung eines Signifikanzniveaus von 10 % – erzielt werden können. Somit ist die Funktionalität des Planspiels sowohl zur Erhebung und Auswertung von Daten als auch zum Aufzeigen von statistischen Effekten hinreichend bestätigt und zur weiteren Untersuchung freigegeben.

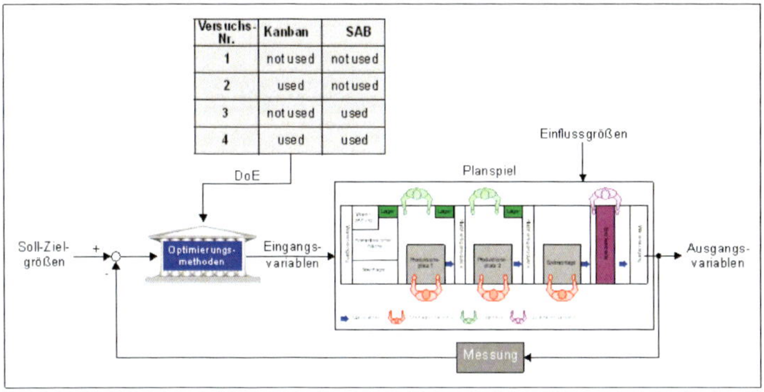

Bild 4.19: Zweifaktorieller Versuchsplan mit zwei Faktoren[336]

[333] Vgl. Raithel (2008): S. 64.
[334] Vgl. Raithel (2008): S. 29.
[335] Vgl. Eschweiler et al. (2007): S. 547
[336] Eigene Abbildung i. A. a. an Pötters et al. (2017a); Kletti, Schumacher (2014): S. 11; Peter (2009): S. 52.

5. Validierung

Die sechste Phase der Forschungsstrategie nach ULRICH (1981) sieht einen Praxisbezug vor. Deswegen wird im nachfolgenden Kapitel das entwickelte Planspiel praktisch angewendet, um die Forschungsfrage zu beantworten.

Der vollfaktorielle Versuchsplan gilt als statistische Absicherung zur Bestimmung der Effektivität der ausgewählten Prozessoptimierungsmethoden. Auf dieser Grundlage und der Messung der Antwortvariablen gilt es, die zweite sowie dritte Forschungsunterfrage, als auch die übergeordnete Forschungsfrage zu beantworten. Gemäß dem Sieben-Punkte-Plan von MONTGOMERY (2009b) besteht Schritt 5 aus der Durchführung des Experiments. Darauf folgen die Auswertung und die Analyse als sechster Schritt.

5.1 Rahmenbedingungen und Durchführung des Planspiels

Da die Anwendung des Planspiels in der Modellfabrik Koblenz stattfindet, bedarf es zunächst einer Beschreibung der bestehenden Situation. Die Modellfabrik ist als forschungsorientierte Einrichtung der Hochschule Koblenz anzusehen. Sie bildet einen Ort mit experimentellem Freiraum und einer Verbindung zwischen Theorie und Praxis. Dabei steht im Fokus, Prozesse zu entwickeln, zu steuern und zu analysieren.

Zur Durchführung des Planspiels wurden männliche und weibliche Studierende mit dem Schwerpunkt *Produktionswirtschaft* aus den Studiengängen Business Administration sowie Wirtschaftsingenieurwesen als Probanden eingesetzt. Diese stammen aus unterschiedlichen Semestern und sind zwischen 20 und 30 Jahre alt. Da verschiedene Planspiele in der Modellfabrik mit Studierenden durchgeführt werden, war es besonders bedeutsam, Lerneffekte zu vermeiden und Probanden auszuwählen, die bisher keine Erfahrung mit dem zu fertigenden Produkt (Spielzeug LKW) aufwiesen. Durch die Verwendung von Teilnehmerlisten mit personalisierten Daten konnte sichergestellt werden, dass jeder Proband nur exakt einmal an der Datenerhebung teilnahm.

Die Basis zur Sicherstellung eines ausreichenden Stichprobenumfangs bilden die ersten 16 Läufe des Versuchsplans (auch als Basisläufe bezeichnet). Mittels der eingesetzten Software konnte anschließend die notwendige Anzahl der Gesamtdurchläufe ermittelt werden. Dazu benötigt Minitab die Standardabweichung der ersten Durchführung sowie die Bestimmung des α-Signifikanzniveaus (s. Abschnitt 5.2.1) und der Trennschärfe. Die Trennschärfe beschreibt die Wahrscheinlichkeit Unterschiede zwischen zwei oder mehreren Faktoren/Parametern zu erfassen. Der Stichprobenumfang hat einen maßgeblichen Einfluss auf die Fähigkeit des Tests zur Ermittlung von Differenzen. Anhand der Definition des Zielwertes lässt sich ein entsprechender Stichprobenumfang berechnen. Dieser Wert sollte mindestens bei 0,7 (70%) liegen. Der empfohlene Wert liegt bei 0,8 (80%).[337] Die Trennschärfe wurde daher mit 0,8 (80%) definiert. Gemäß dieser Werte wurde ermittelt, dass weitere 32 Versuchsläufe zur Erzie-

[337] Vgl. Sachs (1992): S. 198.

lung einer hohen Güte der Daten notwendig sind. Dies entspricht der weiteren zweimaligen Durchführung des Versuchsplans. Die erzielten Ergebnisse der einzelnen Spielrunden sind im Anhang C zu entnehmen.

5.2 Vorgehensweise der Analyseschritte

Zur Analyse des faktoriellen Versuchsplans gilt es zunächst die Antwortvariablen zu unterscheiden. Die KPIs Lagerwert, DLZ und Output können durch eine Berechnung auf Basis von mathematischen Grundlagen der ANOVA (Analysis of Variance) innerhalb der DoE analysiert und ausgewertet werden.[338] Die ANOVA beschäftigt sich mit der gegenseitigen Beeinflussung von Faktoren. Es werden die Abhängigkeiten zwischen einer oder mehreren unabhängigen Variablen (x) und einer oder mehreren abhängigen Antwortvariablen (y) untersucht. Anhand dieser Abhängigkeiten lassen sich statistisch signifikante Einflussfaktoren, also unabhängige Variablen, ermitteln.[339] Zur Analyse der Größen Termintreue und Nacharbeit ist aufgrund der Merkmalsausprägungen die binäre logistische Regression anzuwenden (s. Bild 5.1). Das detaillierte Vorgehen in Minitab ist im Anhang unter Minitab 1 und Minitab 2 dargestellt.

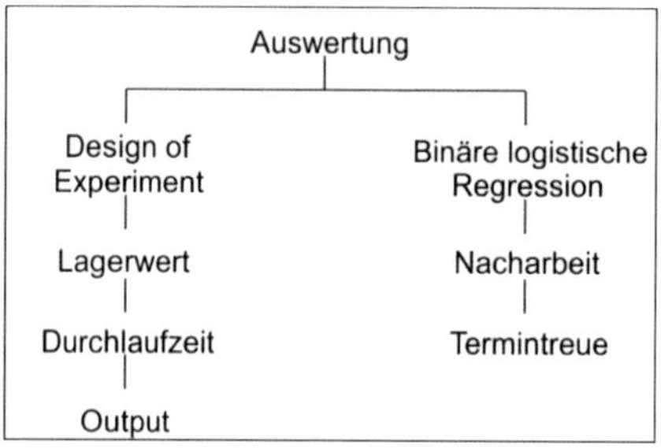

Bild 5.1: Auswertung KPIs

5.2.1 Auswertung mit vollfaktorieller Analyse

Vor Beginn der statistischen Versuchsplanung ist ein Signifikanzniveau festzulegen. Für das Experiment wird ein Signifikanzniveau von fünf Prozent ausgewählt, welches ein zur Ermittlung von Effekten weitverbreiteter Wert ist.[340] Das 95% Konfidenzintervall (KI) (Vertrauensbereich[341]) bildet ein Intervall von möglichen Werten ab, in dem der wahre unbekannte Wert mit 95% Wahrscheinlichkeit liegt.[342] Dieser Bereich liegt innerhalb der sogenannten unteren und oberen Intervallgrenze und wird auch als Vertrauenskoeffizient (1-α) bezeichnet (s. Bild 5.2).[343] Der griechische Buchstabe α (Alpha)

---

338 Vgl. Harry et al. (2010): S. 169.
339 Vgl. Eckey, Kosfeld, Rengers (2002): S. 93.
340 Vgl. Hartmann, Lois (2015): S. 28 und Rasch et al. (2014): S. 42).
341 Vgl. Weiß (2013): S. 151.
342 Vgl. Christensen (1996): S. 34.
343 Vgl. Montgomery, Runger (1999): S. 289.

steht für das Signifikanzniveau – auch als Irrtumswahrscheinlichkeit oder nur α bezeichnet – und definiert die maximale[344] Wahrscheinlichkeit, mit der die Null-Hypothese im Testverfahren auf Grundlage einer Fehlentscheidung verworfen wird.[345] Verworfen wird die Null-Hypothese, wenn der p-Wert unter dem Signifikanzniveau liegt. Der p-Wert beziffert die Wahrscheinlichkeit eines zufälligen Unterschieds[346] und liegt im Intervall $0 \leq p \leq 1$[347]. Der ausgegebene p-Wert zeigt an, inwieweit ein Term signifikant ist. Je kleiner dieser Wert ist, desto stärker kann die statistische Bedeutsamkeit geschlussfolgert werden.[348] Nach HARTMANN und LOIS ist dieses als „signifikant" zu bezeichnen.[349] Ist der berechnete p-Wert $\leq \alpha$, so kann eine Verbindung zwischen Faktor oder Faktorkombination und Antwortvariable angenommen werden.

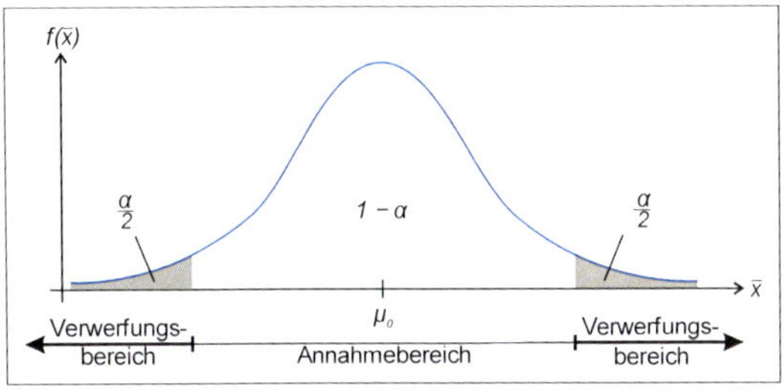

Bild 5.2: Darstellung zweiseitiger KI[350]

Als nächsten Schritt der Analyse bedarf es der Auswahl der Antwortvariablen. Diese repräsentieren alle KPIs bis auf die Termintreue und Nacharbeit. Zunächst empfiehlt es sich, alle Faktorkombinationen bei der Analyse eines Modells zu berücksichtigen.[351] Der Einfluss einzelner Faktoren oder Faktorkombination wird durch ein Pareto-Diagramm abgebildet. Das Pareto-Diagramm stellt den standardisierten Effekt dar. Der standardisierte Effekt wird als statistischer Effekt vereinfacht in standardisierten Absolutwerten ausgedrückt, um eine Vergleichbarkeit herzustellen. Dabei werden auf der Y-Achse die einzelnen Faktoren bzw. Faktorkombinationen absteigend nach ihrem Effekt auf die Parameter abgetragen. Jeder Faktor bzw. jede Faktorkombination entspricht einem Balken. Die Linie im Pareto-Diagramm stellt die Referenzlinie dar. Die Referenzlinie richtet sich nach dem vorgegebenen Signifikanzniveau, das für gewöhnlich bei fünf Prozent liegt. Das Pareto-Diagramm stellt den Zusammenhang zwischen Effekt und statistischer Signifikanz her. Alle Balken, die über die Referenzlinie herausragen, zeigen einen signifikanten Effekt. Der Effekt ist der Unterschied zwischen hoher

[344] Vgl. Lunau et al. (2014): S. 215.
[345] Vgl. Schulze, Porath (2012): S. 453.
[346] Vgl. Melzer (2015): S. 134.
[347] Vgl. Benesch (2013): S. 165.
[348] Vgl. Held, Bové (2014): 70 f.
[349] Vgl. Hartmann, Lois (2015): S. 29.
[350] Eigene Abbildung i. A. a. Schira (2005): S. 478.
[351] Vgl. ADDITIVE Soft- und Hardware für Technik und Wissenschaft GmbH (2011): S. 74.

und niedriger Einstellung in der Output Messgröße. Anschließend erfolgt die Eliminierung nicht signifikanter Modellterme. Dadurch reduziert sich die Komplexität des Modells und bietet eine vereinfachte Interpretationsgrundlage.[352] Dabei müssen Einzelfaktoren zur Bildung relevanter Wechselwirkungen weiterhin einer separaten Betrachtung unterliegen. Dies gilt auch für Faktoren, die keine Signifikanz aufweisen. Eine Entfernung von Haupteffekten und Wechselwirkungen, welche keine Signifikanz aufzeigen, kann zu Veränderungen des Bestimmtheitsmaßes (R^2) sowie der p-Werte der verbleibenden Faktoren und Faktorkombinationen führen.[353] In der Analyse werden das Bestimmtheitsmaß R^2 und das korrigierte Bestimmtheitsmaß $\bar{R}^2$ ermittelt. R^2 kann zur Beurteilung der Güte eines Modells verwendet werden.[354] Es bildet dabei die Gesamtvariabilität der abhängigen Variable ab, die durch unabhängige Variablen beschrieben ist.[355] Der berechnete Wert des Bestimmtheitsmaßes liegt im Intervall $0 \leq R^2 \leq 1$[356], dabei gilt ein hoher Wert als Indikator für eine hohe Güte des Modells.[357] Jedoch bedarf es einer vorsichtigen Betrachtungsweise, da R^2 einerseits durch die Erweiterung der Anzahl von Prädiktoren zum Modell beeinflussbar ist[358] und es des Weiteren keine Aussage über die Korrektheit des Modells liefert.[359] Eine alleinige Betrachtung des Bestimmtheitsmaßes gilt als unzureichend, da durch jede Hinzunahme weiterer Terme, die einen Erklärungsgehalt aufweisen, der Wert stetig steigt. Infolgedessen wird die augenscheinliche Modellgüte durch die Aufnahme von Termen gesteigert. Das korrigierte Bestimmtheitsmaß bezieht sich auf den zusätzlichen Erklärungsgehalt einer Variablen.[360] Das Modell mit dem höchsten Erklärungsgehalt richtet sich somit nach dem korrigierten Bestimmtheitsmaß.[361] Allgemeingültige Aussagen, wann ein R^2 als gut empfunden werden kann, sind schwierig zu treffen. Es kommt dabei immer auf die Problemstellung an.[362] Als Annährungsansatz kann hier die Arbeit von CHIN dienen. Dieser definierte in seiner Arbeit einen R^2 ab 67 % als substanziell und ab 33 % als mittel gut.[363] Bei unter 30 % kann von keinem linearen Zusammenhang ausgegangen werden.[364] In den folgenden faktoriellen Modellen wird angenommen, dass ein R^2 von über 60 % als gut betrachtet werden kann, da in den gesammelten Daten auch der „Faktor Mensch" eine Einflussgröße einnimmt und damit immerhin weit über 50 % der Variation in den Regressionsmodellen erklärt werden.

---

[352] Vgl. Wappis, Jung (2016): S. 232.
[353] Vgl. Sleeper (2012): S. 282 f.
[354] Vgl. Montgomery, Runger (1999): S. 464.
[355] Vgl. Christensen (1996): S. 170.
[356] Vgl. Drozdenko, Drake (2002): S. 174.
[357] Vgl. Jank (2011): S. 126 ff.
[358] Vgl. Montgomery, Runger (1999): S. 465.
[359] Vgl. Christensen (1996): S. 170
[360] Vgl. Minitab GmbH (o.J.).
[361] Vgl. Sleeper (2012), S. 241.
[362] Vgl. Backhaus et al. (2011): S.100.
[363] Vgl. Chin (1998): S. 323.
[364] Vgl. Urban et al. (2011): S. 57.

Als nächstes gilt es, die Modellvoraussetzungen des verbleibenden Modells nach der Eliminierung nicht signifikanter Terme zu überprüfen. Dieses Modell wird als angepasstes Modell bezeichnet. Dementsprechend bedarf es einer Betrachtung der Residuen. Als Residuum wird die Abweichung von einem geschätzten Wert und dem letztendlich empirisch eingetretenen Wert bezeichnet. Diese Differenz stellt einen Anteil der Varianz des Modells dar, für welche keine Erklärung existiert.[365] Das verbleibende Modell sollte eine hohe Modellgüte aufweisen. Hierfür sind die Merkmale der Residuen zu überprüfen. Zum einen ist eine Normalverteilung erforderlich. Zur Überprüfung erfolgt zunächst eine grafische Betrachtung des Wahrscheinlichkeitsnetzes. Im Falle einer Normalverteilung folgen die Datenpunkte der eingezeichneten Geraden. Einen weiteren Anhaltspunkt bietet der p-Wert der Normalverteilung. Dieser dient zur Überprüfung der Hypothese, welche dabei der Annahme entspricht, dass die Residuen normalverteilt sind. Überschreitet der p-Wert das gesetzte Signifikanzniveau, kann die Nullhypothese beibehalten und von einer Normalverteilung ausgegangen werden. Das abgebildete Histogramm ist ein weiteres Indiz für die Überprüfung der Normalverteilung. Tritt hierbei eine glockenförmige Anordnung auf, gilt die erste Modellvoraussetzung als erfüllt. Des Weiteren sind die Diagramme Residuen vs. Anpassung und Residuen vs. Reihenfolge auf Auffälligkeiten zu untersuchen. Die Residuendiagramme dürfen keine Muster oder Strukturen aufweisen. Bei den Abweichungen vom geschätzten Wert sollte es sich ausschließlich um Zufallsstreuungen handeln. Eine konstante Streuung der Daten um den Nullpunkt und eine zufällige Erfassung im Zeitverlauf sind als Bedingung unabdingbar. Werden alle Modellvoraussetzungen erfüllt, so kann mit dem angepassten Modell fortgefahren werden.[366]

Um die Auswirkungen verschiedener Faktorstufen auf die Antwortvariable zu veranschaulichen, werden Faktordiagramme eingesetzt. Diese stellen die Beziehung zwischen Faktoren und der Antwortvariablen grafisch dar.[367] Es existieren zwei Arten von Faktordiagrammen. Haupteffektdiagramme verdeutlichen die Auswirkungen verschiedener Ausprägungen auf die Mittelwerte der Antwortvariablen.[368] Im Rahmen des Experiments entsprechen diese Ausprägungen den Stufen „not used" oder „used". Es wird untersucht, zu welcher Differenz der Mittelwerte eine Anwendung im Vergleich zu einer Nicht-Anwendung von Optimierungsmethoden führt. Die rote horizontale Linie bildet den Mittelwert der Antwortvariablen ab (als Beispiel s. Bild 5.3).

Wechselwirkungsdiagramme werden zur Untersuchung von Zweifachwechselwirkungen angewendet. Diese ermöglichen die Darstellung aller Kombinationsmöglichkeiten der Ausprägungen zweier Faktoren.[369] Wechselwirkungsdiagramme bestehen in die-

---

365 Vgl. Rath & Strong Management Consultants (2008): S. 120.
366 Vgl. ADDITIVE Soft- und Hardware für Technik und Wissenschaft GmbH (2011): S. 83 ff.
367 Vgl. Minitab GmbH (o.J.).
368 Vgl. Sleeper (2012): S. 275.
369 Vgl. Sleeper (2012): S. 276.

ser Arbeit aus der Kombination von Prozessoptimierungsmethoden und deren Ausprägungen von „not used" und „used". Zeigt sich in einem Wechselwirkungsdiagramm eine parallele Linie, so schließt sich eine gegenseitige Einflussnahme zweier Faktoren aus.[370]

Durch eine Prognosefunktion kann der Output der Messgröße für jede Faktoreinstellung berechnet werden. Dies ermöglicht einen zahlenmäßigen Vergleich der unterschiedlichen Kombinationsmöglichkeiten. Die prognostizierten angepassten Werte basieren auf der Durchführung der in Formel (2) dargestellten Regressionsanalyse.

$$\hat{y} = b_0 + b_1x_1 + b_2x_2 \ldots + b_kx_k \tag{2}$$

$\hat{y}$ = *angepasster Wert*

b_0 = *Konstante*

$b_1, b_2 \ldots b_k$ = *Schätzwert des k-ten Regressionskoeffizieten*

$x_{1,}x_2 \ldots x_k$ = *Werte des Terms*

Dabei wird zudem das Konfidenzintervall ermittelt, welches die Spannweite der Antwortvariablen in der Grundgesamtheit beschreibt. Das heißt, mit einer Wahrscheinlichkeit von 95 % nimmt der Mittelwert einer Grundgesamtheit einen Wert in diesem Bereich an. Das Konfidenzintervall leitet sich aus den Werten der Stichprobe ab.

Zudem erteilt die Prognosefunktion Auskunft über das Prognoseintervall. Dabei wird aufgezeigt welchen Wert die Messgröße bei einer einzelnen Durchführung annehmen wird. Es trifft eine Vorhersage über die zu erwartende Lage eines einzelnen Wertes einer zusätzlichen Beobachtung. Deutlich erkennbar ist die breitere Spannweite des Prognoseintervalls. Dies steht damit im Zusammenhang, dass mit der Prognose eines einzelnen Wertes eine gewisse Unsicherheit verbunden ist.[371] Je kleiner das Prognoseintervall, desto höher ist die Prognosegüte. Die Prognosegüte entspricht der Fähigkeit einer zutreffenden Vorhersage.

[370] Vgl. ADDITIVE Soft- und Hardware für Technik und Wissenschaft GmbH (2017): S. 49 f.
[371] Vgl. Minitab GmbH (o.J.).

Das Prognoseintervall wird gemäß Formel (3) berechnet.

$$\hat{y}_0 \pm t(\frac{1-\propto}{2}; n-p) \times s(Prog) \tag{3}$$

$\hat{y}_0 = angepasster\ Wert\ der\ Antwortvariablen$

$t(\frac{1-\propto}{2}) = inverse\ kumulative\ Verteilungsfunktion\ der\ t\text{-}Verteilung$

$\propto = Wahrscheinlichkeit\ eines\ Fehlers\ 1.\ Art$

$n = Anzahl\ der\ Beobachtungen$

$p = Anzahl\ der\ Modellparameter$

$s(Prog) = \sqrt{s^2(1 + x'_0(x'x)^{-1}x_0}$

$s^2 = mittleres\ Fehlerquadrat$

$x_0 = Matrix\ der\ gegebenen\ Prädiktorwerte$

$x = Prädiktormatrix$

$x'_0 = transponierter\ neuer\ Vektor\ von\ Prädiktorwerten$

In den Modellen der einzelnen Messgrößen werden verschiedene Prozessoptimierungsmethoden bzw. Kombinationen eingebunden. Die Zielgrößenoptimierung ermittelt die optimale Faktoreinstellung mit dem stärksten Effekt auf die Antwortvariable.[372] Bei der Ermittlung hilft ein Optimierungsdiagramm (als Beispiel s. Bild 5.8), in dem die einzelnen Faktorstufen variabel sind. Dabei wird auf die prognostizierten Werte der Antwortvariablen zurückgegriffen.[373] In der obersten Zeile des Optimierungsdiagramms werden die einzelnen Optimierungsmethoden spaltenweise aufgeteilt. Darunter befinden sich Informationen zu den Faktoreinstellungen. Dabei können im durchgeführten Experiment die Faktorstufen „used" und „not used" eingenommen werden. Unter der Bezeichnung „Hoch" ist die Faktoreinstellung mit dem stärksten positiven Effekt auf die Antwortvariablen zu finden. Folglich ist die Faktoreinstellung mit dem niedrigsten Effekt auf die Antwortvariablen unter der Bezeichnung „Tief" aufzufinden. Die rote Beschriftung oberhalb des Diagramms gibt die aktuelle Einstellung der Faktorstufe an. Diese spiegelt sich in der roten vertikalen Linie innerhalb der einzelnen Spalten wider. Die blaue horizontale Linie zeigt die Werte der Antwortvariablen für die aktuellen Faktoreinstellungen. Links neben dem Diagramm wird der prognostizierte Wert der Antwortvariablen für diese Prozesseinstellung berechnet. Zusätzlich sind Werte für die individuelle und die zusammengesetzte Erwünschtheit angegeben. Die Erwünschtheit liefert Erkenntnisse darüber, wie gut die aktuellen Einstellungen der Faktorkombinationen das gesetzte Ziel der Optimierung erfüllen. Die Erwünschtheit kann Werte auf einer Skala von null bis eins annehmen. Die individuelle Erwünschtheit (d) und die zusammengesetzte Erwünschtheit (D) nehmen in der einzelnen Modellbetrachtung einen

[372] Vgl. Wappis, Jung (2016): S. 233.
[373] Vgl. Minitab GmbH (o.J.).

identischen Wert an, da in einem Optimierungsdiagramm ausschließlich die Untersuchung einer Antwortvariablen erfolgt. Dabei ist zu unterscheiden, ob die Werte der Antwortvariable maximiert (gemäß Formel (4)) oder minimiert (gemäß Formel (5)) werden.

Maximierung:

$$\begin{aligned} &wenn\ \hat{y}_i < U_i\,;\ d_i = 0 \\ &wenn\ \hat{y}_i < T_i;\ d_i = 1 \\ &wenn\ U_i \leq \hat{y}_i\ \leq T_i;\ d_i = \left(\frac{y_i - U_i}{(T_i - U_i)^{r_i}}\right) \end{aligned} \tag{4}$$

$\hat{y}_i$ = *prognostizierter Wert der i-ten Antwortvariablen*

U_i = *niedrigster akzeptabler Wert für den i-ten Wert der Antwortvariablen*

T_i = *Sollwert für den i-ten Wert der Antwortvariablen*

r_i = *Gewichtung der Wunschfunktion für den i-ten Wert der Antwortvariablen*

Minimierung:

$$\begin{aligned} &wenn\ \hat{y}_i > O_i\,;\ d_i = 0 \\ &wenn\ \hat{y}_i < T_i;\ d_i = 1 \\ &wenn\ T_i \leq \hat{y}_i\ \leq O_i;\ d_i = \left(\frac{O_i - \hat{y}_i}{(O_i - T_i)^{r_i}}\right) \end{aligned} \tag{5}$$

$\hat{y}_i$ = *prognostizierter Wert der i-ten Antwortvariablen*

O_i = *höchster akzeptabler Wert für den i-ten Wert der Antwortvariablen*

T_i = *Sollwert für den i-ten Wert der Antwortvariablen*

r_i = *Gewichtung der Wunschfunktion für den i-ten Wert der Antwortvariablen*

Die Werte der individuellen Erwünschtheit ergeben nach Formel (6) aufsummiert den Wert der zusammengesetzten Erwünschtheit.[374]

$$D = (d_1 \times d_2 \times \ldots \times d_n)^{\frac{1}{n}} \tag{6}$$

d_i = *individuelle Erwünschtheit für den i-ten Wert der Antwortvariablen*

n = *Anzahl der Werte der Antwortvariablen*

Der Bericht der Zielgrößenoptimierung erteilt zudem Auskunft über das 95%ige Konfidenzintervall und das 95%ige Prognoseintervall.

Somit werden für die einzelnen Messgrößen des Experimentes die effektivsten Einstellungen von Optimierungsmethoden in der Serienmontage ermittelt. Da die Effekte

---

[374] Vgl. ADDITIVE Soft- und Hardware für Technik und Wissenschaft GmbH (2017).

im durchgeführten Experiment auf mehrere Messgrößen betrachtet werden, erfolgt im weiteren Verlauf eine differenzierte Betrachtung einzelner Antwortvariablen.

Entsprechend der verwendeten Fachliteratur und dem Experimentaufbau können zusammenfassend folgende Werte für die durchzuführende Auswertung festgehalten werden:

Antwortvariablen	: 3
Faktorenanzahl	: 4
Faktorstufen	: 2 (*not used, used*)
Versuchsrunden	: 48
α-Signifikanzniveau	: 0,05 (5 %)
Konfidenzintervall	: 0,95 (95 %)

Modell - KPI Lagerwert

Beginnend mit der Auswertung der Antwortvariable Lagerwert ist folgende Hypothese zur Überprüfung formuliert worden:

> In dem Modell kann die Anwendung der vier Prozessoptimierungsmethoden SAB (A), Kanban (B), 5S (C) und Poka Yoke (D) zur Reduzierung der Lagerwerte als positiver Effekt angesehen werden.

Folgende Ergebnisse werden ermittelt:

Das Pareto-Diagramm (s. Bild 5.3) illustriert bei Selektion aller Terme, dass die Faktoren und Faktorkombinationen Kanban (B), SAB*Kanban*5S (ABC), Kanban*5S (BC) und Poka Yoke (D) die Referenzlinie von 2,037 überschreiten. Unter Berücksichtigung eines Signifikanzniveaus von 5 % können diese als statistisch signifikant angesehen werden. Hierbei zeigt Faktor B (Kanban) die höchste statistische Signifikanz (Effektwert: ca. 7,766). Dies kann weiterhin durch den p-Wert aufgezeigt werden, der als Wahrscheinlichkeitsmaß berechnet wird. Zu erkennen ist, dass die p-Werte ≤ α (0,05) liegen und die statistische Signifikanz nachgewiesen werden kann. Das in Bild 5.3 dargestellte Modell weist eine hohe Modellgüte auf.

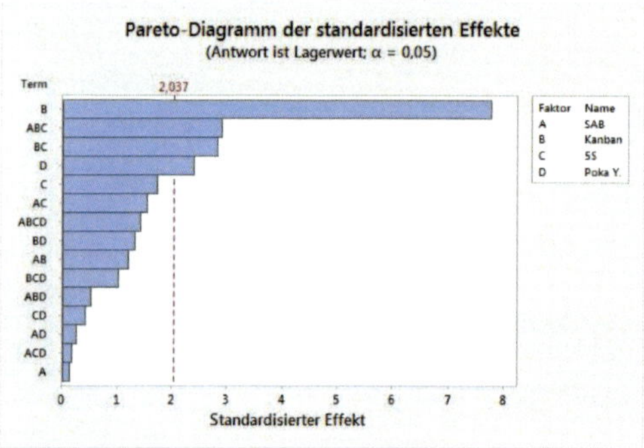

Faktor(en)	p-Wert
B	0,000
ABC	0,006
BC	0,008
D	0,023

Bestimmtheitsmaß

R^2_{vor}: 74,77 % $\bar{R}^2_{vor}$: 62,95 %

Bild 5.3: Pareto-Lagerwert ohne Anpassung

LUNAU et al. (2014) sehen vor, dass nur statistisch signifikante Faktoren im Modell zur Analyse verbleiben und die Betrachtung erneut durchzuführen ist. Diese Selektion der Faktoren und Faktorkombinationen wird nachfolgend je KPI durchgeführt. Bild 5.4 illustriert die selektierten Faktoren und deren Kombinationen zum KPI Lagerwert. Bei der Selektion ist zu beachten, dass Terme, die in Faktorkombinationen enthalten sind, nicht ausgeschlossen werden dürfen (bspw. SAB (A) ist nicht signifikant, jedoch in der Faktorkombination SAB*Kanban*5S (ABC) enthalten und muss daher weiterhin zur Bildung der signifikanten Faktorkombination in die Analyse eingebunden werden). Die alleinige Betrachtung signifikanter Faktoren führt zu einer Linksverschiebung der Referenzlinie auf den Wert 2,023. Die p-Werte werden weiter reduziert. Beide Werte des Bestimmtheitsmaßes liegen weiterhin über 60 %.

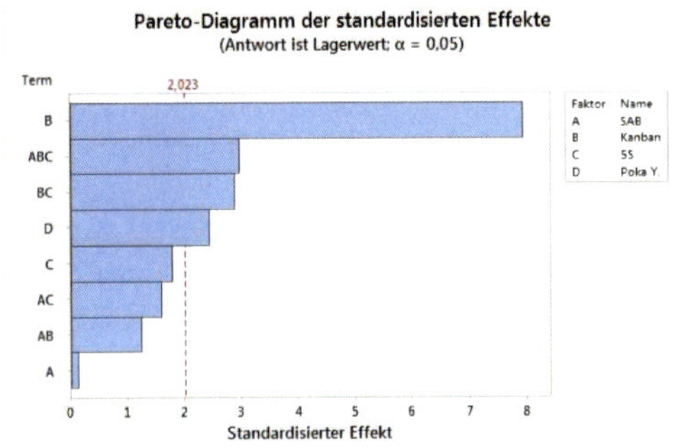

Faktor(en)	p-Wert
B	0,000
ABC	0,005
BC	0,006
D	0,019

Bestimmtheitsmaß

R^2_{nach}: 70,54 % $\bar{R}^2_{nach}$: 64,50 %

Bild 5.4: Pareto-Lagerwert mit Anpassung

Zusammenfassend etabliert sich eine Verbesserung des korrigierten R²-Wertes von 62,95 % auf 64,50 %. Aufgrund der Erhöhung von R^2 und der Überschreitung des Signifikanzniveaus durch den p-Wert für die fehlende Anpassung ist davon auszugehen, dass das Modell nach der Eliminierung von Modelltermen weiterhin alle relevanten Faktoren und Faktorkombinationen enthält. Die Modellvoraussetzungen werden anhand des nachfolgenden Residuendiagramms (s. Bild 5.5) überprüft. Zur Erfüllung ist eine Normalverteilung der Residuen, eine zufällige Streuung dieser um den Nullpunkt sowie eine zeitlich unabhängige Erfassung notwendig.

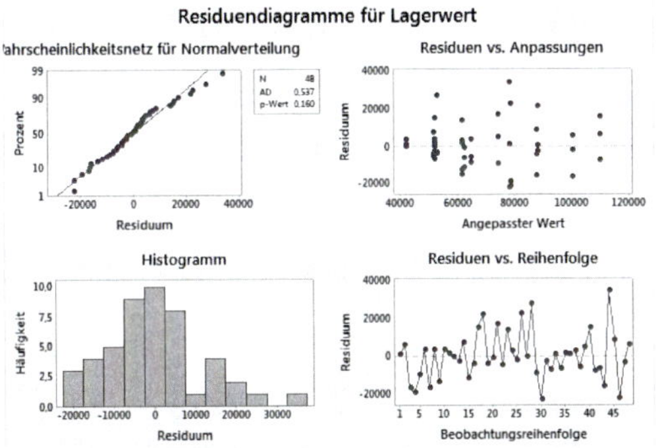

Bild 5.5: Modellvoraussetzungen Modell „Lagerwert“

Im Wahrscheinlichkeitsnetz der Normalverteilung folgt ein Großteil der Punkte der eingezeichneten Geraden. Vereinzelnd treten Datenpunkte abseits dieser Linie auf. Der p-Wert von 0,160 überschreitet den erforderlichen p-Wert des Signifikanzniveaus von 0,05. Die Nullhypothese wird beibehalten und von einer Normalverteilung der Residuen ausgegangen. Das Histogramm weist eine glockenförmige Anordnung mit einer leichten Linksverteilung auf. In den Grafiken Residuen vs. Anpassungen und Residuen vs. Reihenfolge treten keine Auffälligkeiten auf, wie zum Beispiel eine ungleichmäßige Streuung der Residuen oder Trends im Zeitverlauf. Es handelt sich somit um eine zufällige Datenerfassung und eine strukturfreie Streuung der Residuen um den Nullpunkt. Um das Vorhandensein von Ausreißern auszuschließen, wird der Grubbs Test zur Identifikation von Ausreißern durchgeführt. In diesem wird die Normalverteilung der Residuen näher betrachtet. Die Nullhypothese im Test auf Ausreißer entspricht der Annahme, dass eine Normalverteilung vorliegt. Der p -Wert der G-Statistik muss das Signifikanzniveau überschreiten, um diese Annahme zu bestätigen. In Anbetracht der näheren Analyse kann ausgeschlossen werden, dass es sich bei den abgelegenen Datenpunkten um Ausreißer handelt. Die Modellvoraussetzungen sind erfüllt und das angepasste Modell kann in nachfolgenden Analysen angewendet werden.

Das in Bild 5.6 dargestellte Haupteffektediagramm bestätigt die hohe statistische Signifikanz von Kanban. Der Linienverlauf besitzt die stärkste Neigung zwischen den Faktorstufen used/not used und deutet auf einen starken Haupteffekt hin. Unter Verwendung von Kanban sinken die Lagerwerte von 85.076,70 € auf 54.183,30 €, was einer Reduzierung von etwa 36 % entspricht. Dies stellt im Vergleich aller Haupteffekte die größte Veränderung der Kennzahl Lagerwert dar.

Die Methoden 5S und Poka Yoke deuten ebenfalls auf einen kostensenkenden Verlauf hin, jedoch mit einem geringen Niveauunterschied. Der Methodeneinsatz von Poka Yoke senkt die Kosten von 74.393,80 € auf 64.866,30 € (ca. -13 %). Die 5S Methode generiert eine Reduzierung der Kosten von 73.085 € auf 66.175 € (ca. -9,5 %). Der Einsatz der SAB Methodik führt hingegen zu einem leicht steigenden Linienverlauf. Dies spricht für eine negative Beeinflussung des KPI (Erhöhung der Lagerwert von 69.362,10 € auf 69.897,90 €).

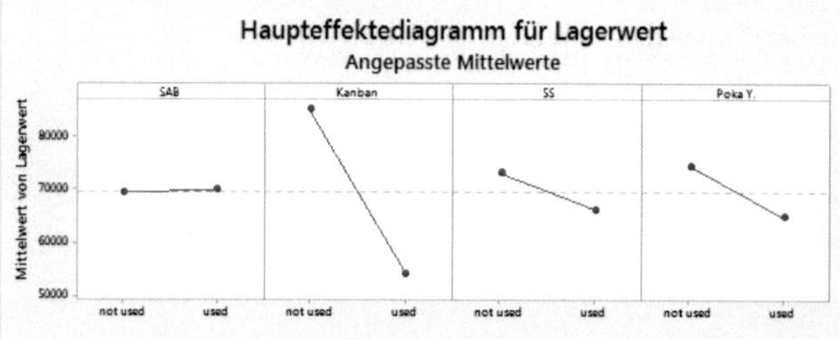

Bild 5.6: Haupteffektediagramm KPI Lagerwert

Im unten abgebildeten Wechselwirkungsdiagramm (s. Bild 5.7) liegt eine hybride Interaktion der Linienverläufe mit gleichmäßig fallendem Trend der Wechselwirkungseffekte vor. Die Mittelwerte der Lagerwerte sind beim alleinigen Einsatz von Kanban (Faktorstufe used) am niedrigsten und betragen 52.016€. Die Methodenkombination Kanban*5S erzielt keine weitere Verbesserung der Mittelwerte des Lagerwerts, da diese um ca. 8 % auf 56.350€ ansteigen. Bei Verwendung keiner Methode betragen die Mittelwerte des Lagerwertes 94.153€.

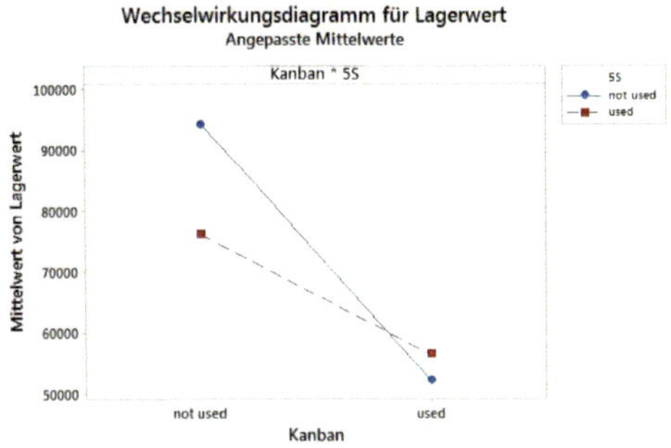

Bild 5.7: Wechselwirkungsdiagramm KPI Lagerwert Kanban*5S

Die Dreifachwechselwirkung SAB*Kanban*5S wird in ihrer Ausprägung durch die Nutzung der Zielgrößenoptimierung nicht deutlich. Es kann ausschließlich erörtert werden, dass Kanban in dieser Dreifachwechselwirkung die einflussreichste Methode darstellt.

➢ **Fazit zum Modell Lagerwert**

Die durchgeführte Analyse der Kennzahl Lagerwert mittels der statistischen Versuchsplanung liefert – unter Berücksichtigung des Signifikanzniveaus – das Ergebnis, dass Kanban den größten Einfluss auf den Lagerwert besitzt. Die Hypothese kann somit bestätigt werden. Eine Kombination mit weiteren Methoden führt zu keinerlei signifikanter Verbesserung.

Zurückzuführen ist diese starke Reduzierung der Lagerwerte auf das Materialversorgungsprinzip von Kanban, da eine bedarfsorientierte, selbststeuernde Materialbereitstellung vorliegt und nur die exakt benötigten Mengen und Bauteile je Arbeitsplatz zum richtigen Zeitpunkt bereitgestellt werden.

Statistisch signifikant sind Kanban (B) sowie Poka Yoke (D) und die Wechselwirkungen Kanban*5S (BC) sowie SAB*Kanban*5S (ABC). Der größte Effekt kann innerhalb des Modells für Kanban (B) nachgewiesen werden.

➢ **Prognose und Zielgrößenoptimierung**

Anschließend wurde eine Prognose der Werte durchgeführt, um eine Vorhersage über mögliche weitere Verbesserungspotenziale zu erzielen. Die prognostizierten angepassten Werte basieren auf der Durchführung der in Formel (2) dargestellten Regressionsanalyse. Prognostiziert werden bei einer Kombination von Kanban und Poka Yoke Lagerwerte in Höhe von 41.852,90 € und somit der bisher geringste Wert an Lagerwert (s. Tabelle 5.1).

Unter Berücksichtigung des Signifikanzniveaus kann davon ausgegangen werden, dass der Mittelwert bei Verwendung von Kanban und Poka Yoke zu 95 % zwischen 30.039,50 € und 53.666,30 € liegt. Diese Kombination konnte jedoch bei 48 Versuchsrunden nicht als signifikant nachgewiesen werden.

Werden die besten drei Werte der Prognose verglichen, wird erkannt, dass Kanban in den ersten drei Plätzen enthalten ist. Die Verwendung keiner Methode liefert das schlechteste Ergebnis.

Tabelle 5.1: Auszug aus Prognosewerte, KPI Lagerwert, siehe Anhang D

Legende: * KI = Konfidenzintervall, *2 PI = Prognoseintervall

Rang	Methoden	Anpassung	95%-KI*	95%-PI*2
1	Kanban, Poka Yoke	41.852,9	30.039,5; 53.666,3	12.123,2; 71.582,6
2	Kanban	51.380,4	39.567,0; 63.193,8	21.650,7; 81.110,1
3	5S, Kanban, Poka Yoke, SAB	51.536,2	39.722,9; 63.349,6	21.809,6; 81.265,9
...	...	...	...	...
16	Referenzrunde	109.945	98.132,0; 121.759	80.215,7; 139.675

Zur Überprüfung der Prognose wurde eine Zielgrößenoptimierung durchgeführt. Ziel der Analyse ist es, den geringsten Lagerwert (Einstellung: ‚*Minimieren*') bei keiner Veränderung der anderen KPIs zu erzielen (s. Bild 5.8). Dazu wurde die beste Gesamtfaktoreinstellung unter Berücksichtigung der Zielvorgaben je Antwortvariable ermittelt. Das ausgewiesene Gesamterwünschtheitsmaß (D) (engl. Overall Desirability) sowie die Erwünschtheit (d) der einzelnen KPIs bestimmen die Erfüllung der Zielerreichung. Die Zielgrößenoptimierung liefert ein Gesamterwünschtheitsmaß (D) von 0,9958, das für eine sehr gute Erfüllung des Modells spricht. Die Zielgrößenoptimierung zeigt ebenfalls auf, dass Kanban und Poka Yoke den größten Einfluss auf das Modell besitzen.

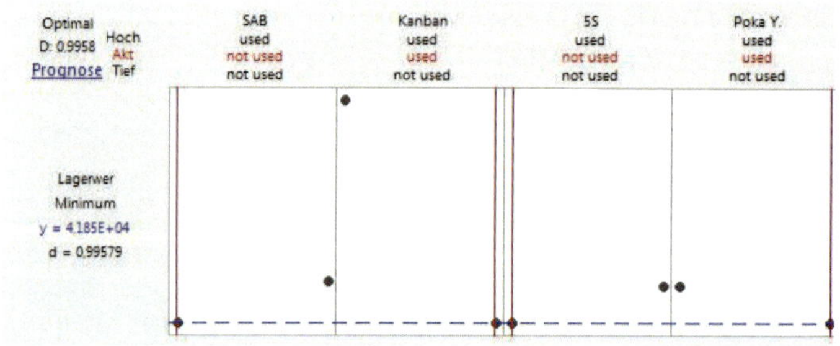

Bild 5.8: Optimierungsdiagramm KPI Lagerwert

Die optimale Variableneinstellung setzt sich aus den im Pareto-Diagramm signifikanten Einzeltermen Kanban und Poka Yoke zusammen.

```
Regressionsgleichung in nicht kodierten Einheiten

Lagerwert = 69630 + 268 SAB - 15447 Kanban - 3455 5S - 4764 Poka Yoke
                  + 2407 SAB*Kanban + 3082 SAB*5S + 499 SAB*Poka Yoke
                  + 5622 Kanban*5S + 2655 Kanban*Poka Yoke
                + 814 5S*Poka Yoke - 5807 SAB*Kanban*5S
                  - 1032 SAB*Kanban*Poka Yoke - 358 SAB*5S*Poka Yoke
                  - 2022 Kanban*5S*Poka Yoke - 2826 SAB*Kanban*5S*Poka Yoke
```

Die Regressionsgleichung bestätigt mathematisch den bereits vermuteten Einfluss von Kanban. Kanban führt zu einer Reduzierung der Lagerwerte. Werden beide Methoden kombiniert, so werden die minimalsten Lagerwerte erreicht.

Modell - KPI Durchlaufzeit

Anschließend wurde zur Antwortvariable DLZ folgende Hypothese formuliert:

> In dem Modell kann die Anwendung der vier Prozessoptimierungsmethoden SAB (A), Kanban (B), 5S (C) und Poka Yoke (D) zur Reduzierung der DLZ als positiver Effekt angesehen werden.

Minitab liefert folgende Ergebnisse:

Die Auswertung der Daten zur DLZ zeigt im Pareto-Diagramm (s. Bild 5.9) auf, dass die Faktoren Poka Yoke (D), 5S*Poka Yoke (CD), SAB*Kanban*Poka Yoke (ABD), 5S (C) und SAB*Kanban*5S (ABC) als statistisch signifikant eingeordnet werden können. Der Faktor D (Poka Yoke) zeigt die höchste statistische Signifikanz. Mit einem Effektwert von ≈6,686 liegt er deutlich über dem Wert der Referenzlinie von ≈2,037. Das Güteniveau ist für den KPI DLZ im Ausgangsmodell als *gut* anzusehen.

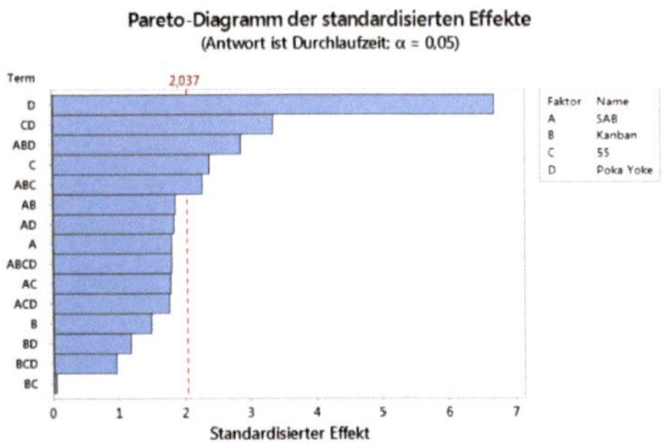

Bild 5.9: Pareto-DLZ ohne Anpassung

Faktor(en)	p-Wert
D	0,000
CD	0,002
ABD	0,007
C	0,024
ABC	0,030

Bestimmtheitsmaß

R^2_{vor}: 75,51 % $\bar{R}^2_{nach}$: 64,02 %

Nach Selektion der signifikanten Faktoren konnte das angepasste Pareto-Diagramm in Bild 5.10 erstellt werden. Sowohl das Bestimmtheitsmaß als auch das korrigierte Bestimmtheitsmaß ist nach der Anpassung jeweils als gut anzusehen. Nach der Anpassung liegt $\bar{R}^2_{nach}$ nur minimal unter 60 %.

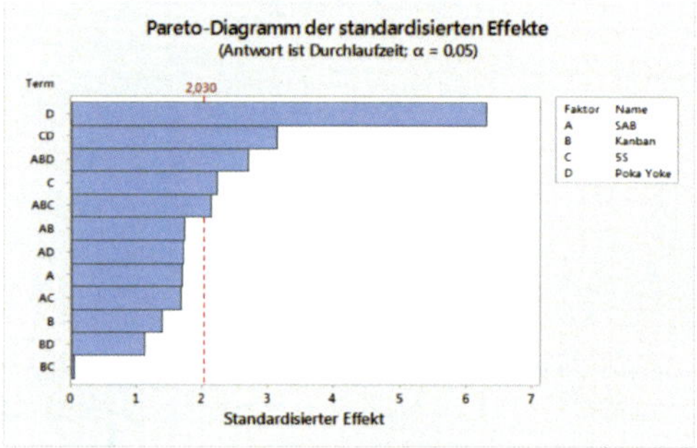

Bild 5.10: Pareto-DLZ mit Anpassung

Faktor(en)	p-Wert
D	0,000
CD	0,003
ABD	0,011
C	0,032
ABC	0,039

Bestimmtheitsmaß

R^2_{nach}: 70,01 % $\bar{R}^2_{nach}$: 59,73 %

Das unten abgebildete Haupteffektediagramm (s. Bild 5.11) verdeutlicht die hohe statistische Signifikanz des Poka Yoke Ansatzes. Der Linienverlauf besitzt den stärksten Niveauunterschied zwischen den Faktorstufen used und not used. Daraus kann auf einen starken Haupteffekt zur Beeinflussung des KPI geschlossen werden. Poka Yoke verringert die DLZ von ≈ 3:50 Min. auf ungefähr 1:32 Min. Dies entspricht einer Reduzierung um ca. 62 %.

Im Vergleich ist der Neigungswinkel der Linienverläufe von SAB, Kanban und 5S geringer und lässt somit eine geringere statistische Signifikanz interpretieren. Folgende Verbesserung der KPI-Werte erzielten die Methoden: SAB von ca. 2:59 Min. auf ≈ 2:22 Min., Kanban von etwa 2:56 Min. auf ≈ 2:26 Min. und 5S von ≈ 3,05 Min. auf etwa 2:17 Min.

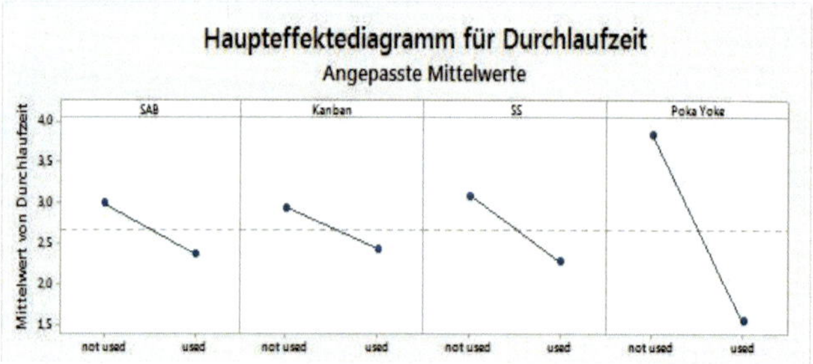

Bild 5.11: Haupteffektediagram KPI DLZ

Bild 5.12 zeigt eine hybride Interaktion der Faktoren auf. Die Kombination der Methoden 5S*Poka Yoke stellt nicht die optimale Faktorkombination zur Reduzierung der DLZ dar. Die separate Verwendung von Poka Yoke erzielt mit ca. 1:22 Min. das beste Ergebnis bzw. den größten Effekt auf die DLZ. Wird keine Methode eingesetzt, liegt der Wert der DLZ bei ca. 4:49 Min.

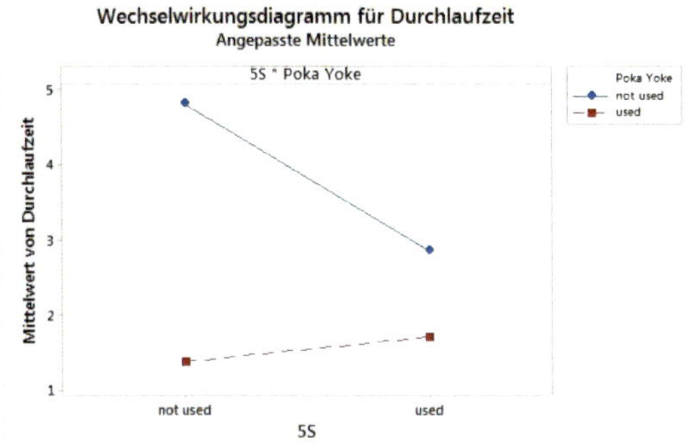

Bild 5.12: Wechselwirkungsdiagramm KPI DLZ, 5S * Poka Yoke

Die Dreifachwechselwirkung SAB*Kanban*5S zeigt ein aus dem Pareto Diagramm resultierendes signifikantes Ergebnis (s. Bild 5.10). Dabei ist durch die Zielgrößenoptimierung auffällig, dass die enthaltenen Zweifachwechselwirkungen SAB*Kanban sowie Kanban*5S durch die Einbeziehung von Kanban ein schlechteres Ergebnis aufweisen. Der 5S Effekt ist immer positiv, außer es wird Kanban ohne SAB genutzt.

- **Fazit zum Modell DLZ**

Die Analyse der erhobenen Planspieldaten zum KPI DLZ und deren statistische Auswertung per DoE liefern unter Berücksichtigung eines Konfidenzintervalls von 95% das Ergebnis, dass Poka Yoke den größten signifikanten Einfluss auf die DLZ besitzt. Eine Kombination mit weiteren Methoden führt zu keiner Verbesserung. Die Hypothese zur Methode Poka Yoke kann angenommen werden. Zurückzuführen ist diese starke Reduzierung der DLZ auf das angestrebte Ziel der Fehlervermeidung von Poka Yoke. Mittels der Anwendung der genannten Prinzipien, Bauteile und Montageschritte die ‚narrensicher' aufgebaut wurden, kann eine Verbesserung durch die Reduzierung von Nacharbeit herbeigeführt werden.

> Statistisch signifikant sind Poka Yoke (D) sowie 5S (C) und die Wechselwirkungen 5S*Poka Yoke (CD), SAB*Kanban*5S (ABC) sowie SAB*Kanban*Poka Yoke (ABD). Der größte Effekt kann innerhalb des Modells für Poka Yoke (D) nachgewiesen werden.

- **Prognose und Zielgrößenoptimierung**

Im Anschluss an die Auswertung der Daten wurde eine Prognose erstellt. Das Ergebnis lautet, dass durch die Kombination von 5S und Poka Yoke ein angepasster Mittelwert von ca. 0:52 Min. erzielt werden kann. Der SE der Anpassung beträgt etwa 0:39 Min. Innerhalb eines Vertrauensbereichs von 95 % liegen die Werte ungefähr zwischen -0:27 Min. und 2:11 Min. Auch in diesem Prognosemodell kann erkannt werden, dass die Methode Poka Yoke in den Top 3 Ergebnissen wiederzufinden ist. Die Referenzrunde führt in der Prognose zum schlechtesten Ergebnis der KPI DLZ. Ein Einsatz von Prozessoptimierungsmethoden ist als effektiv anzusehen.

Tabelle 5.2: Auszug aus Prognosewerte, KPI DLZ, siehe Anhang E

Legende: * KI = Konfidenzintervall, *2 PI = Prognoseintervall

Rang	Methoden	Anpassung	95%-KI*	95%-PI*2
1	5S, Poka Yoke	00:52	-00:27; 02:11	-02:00; 03:44
2	Poka Yoke, SAB	00:52	-00:27; 02:11	-02:00; 03:44
3	Kanban, Poka Yoke, SAB	01:13	-00:06; 02;33	-01:39; 04:06
...	...	...	...	...
16	Referenzrunde	07:24	06:04; 08:43	04:31; 10:16

Die Zielgrößenoptimierung (s. Bild 5.13) wurde eingesetzt, um herauszufinden, welche Einstellung der Faktoren vorgenommen werden muss, um die hier betrachtete Zielgröße – KPI DLZ – zu optimieren. Die Kombination von 5S und Poka Yoke führt – mit einem Erwünschtheitswert von 0,98656 – zum besten Ergebnis. Dies stimmt mit den Prognosewerten überein.

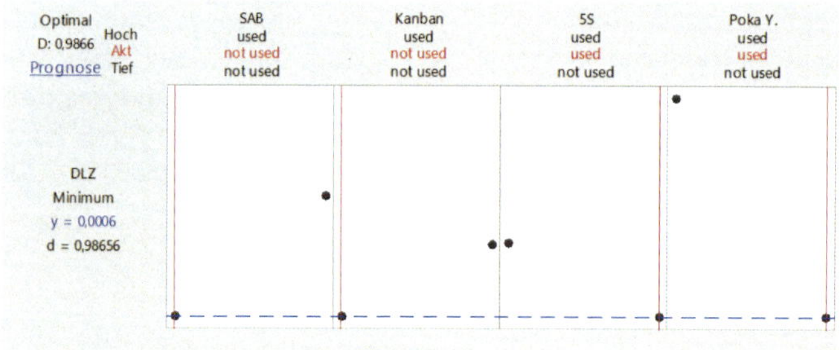

Bild 5.13: Optimierungsdiagramm KPI DLZ

Modell- KPI Output

Begründet aus den Erkenntnissen der Voruntersuchung kann folgende Hypothese formuliert werden:

> In dem Modell kann die Anwendung der vier Prozessoptimierungsmethoden SAB (A), Kanban (B), 5S (C) und Poka Yoke (D) zu einer Erhöhung des Outputs führen.

Minitab liefert folgende Ergebnisse:

Bild 5.14 veranschaulicht die Ergebnisse der Planspieldaten hinsichtlich der Ausbringungsmenge (KPI Output). Dies zeigt, dass die Faktoren Poka Yoke (D), Kanban (B), SAB (A) und SAB*5S (AC) eine statistische Signifikanz aufweisen, da die Referenzlinie überschritten wird. Der Faktor D (Poka Yoke) zeigt die stärkste statistische Signifikanz mit einem Absolutwert des Effekts von 8,538. Beide Bestimmtheitsmaße weisen ein *gutes* Niveau auf.

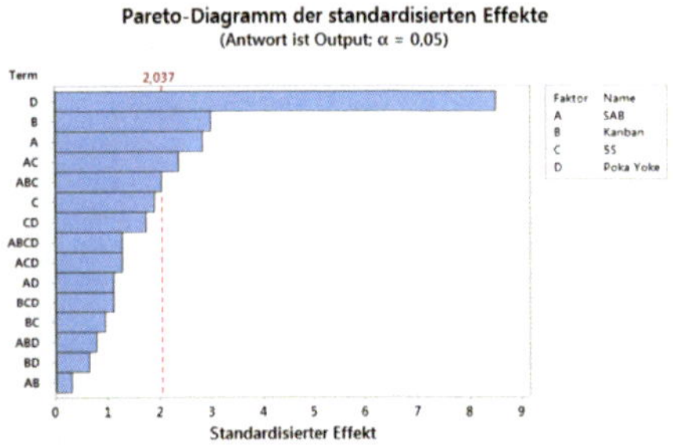

Bild 5.14: Pareto-Output ohne Anpassung

Faktor(en)	p-Wert
D	0,000
B	0,007
A	0,010
AC	0,024

Bestimmtheitsmaß

R^2_{vor}: 78,11 % $\bar{R}^2_{vor}$: 67,85 %

Im angepassten Modell (s. Bild 5.15) verschiebt sich die Referenzlinie nach links auf den Absolutwert von 2,018. R^2_{nach} und $\bar{R}^2_{nach}$ sind > 60 % und ist weiterhin als *gut* einzustufen.

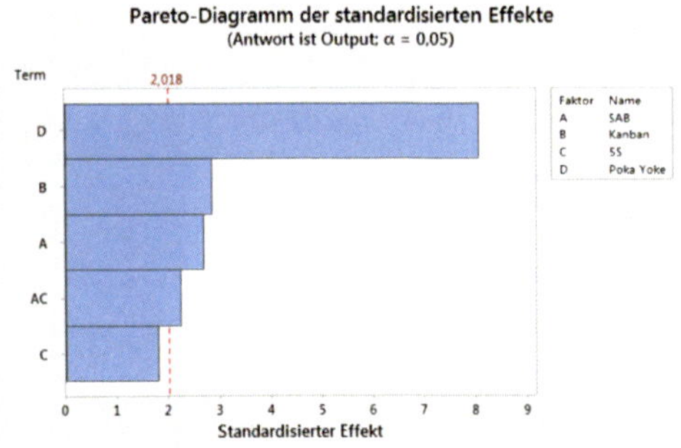

Bild 5.15: Pareto-Output mit Anpassung

Faktor(en)	p-Wert
D	0,000
B	0,007
A	0,010
AC	0,030

Bestimmtheitsmaß

R^2_{nach}: 67,90 % $\bar{R}^2_{nach}$: 64,08 %

Die statistische Signifikanz von Poka Yoke kann in Bild 5.16 bestätigt werden. Der Linienverlauf besitzt die stärkste Steigung und spricht für einen starken Haupteffekt. Poka Yoke ermöglicht es, die Ausbringungsmenge an fertigen LKW um ca. 55 % zu steigern. Die Anzahl von durchschnittlich 5,625 Stück konnte mittels Poka Yoke auf ca. 10,125 Stück erhöht werden. SAB, 5S und Kanban zeigen ebenfalls einen positiven Einfluss auf die Ausbringungsmenge. Die Effekte für SAB und Kanban sind jedoch leicht stärker als der Effekt von 5S. Durch SAB steigt die Anzahl der Ausbringungsmenge von 7,125 Stück auf 8,625 Stück an. Ähnlich wie bei SAB steigt auch bei Kanban die Ausbringungsmenge von ca. 7,083 Stück auf ca. 8,667 Stück. Der Faktor C besitzt eine geringere Steigung, verändert dennoch die Anzahl der Ausbringungsmenge positiv von 7,375 Stück auf 8,375 Stück.

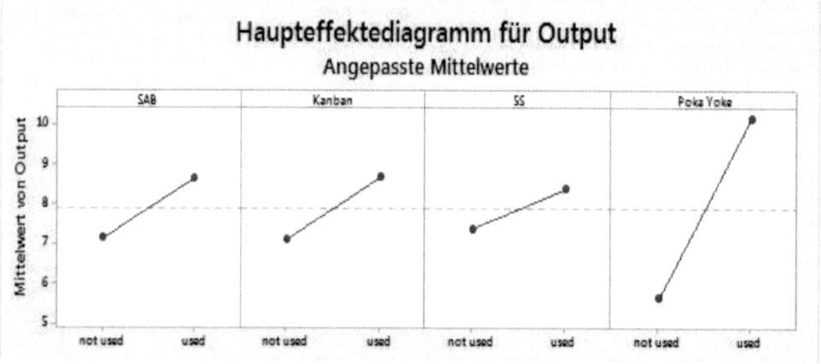

Bild 5.16: Haupteffektediagramm KPI Output

Der Linienverlauf der Wechselwirkungsbetrachtung (s. Bild 5.17) von SAB*5S zeigt einen gleichläufigen Trend auf: beide steigen. Dies ist ein Kriterium einer hybriden Interaktion. Bei Einsatz beider Methoden ist eine geringfügigere Reduzierung der Ausbringungsmenge erkennbar. Die Anzahl durch die Kombination SAB*5S erreicht eine Ausbringungsmenge von 8,5 Stück. Das Höchstmaß der Ausbringungsmengen erzielt der gesonderte Einsatz von SAB mit 8,75 Stück. 5S erreicht nur eine Ausbringungsmenge von 8,25 Stück. Ein zusätzlicher Nutzen der Methode 5S in Kombination mit SAB ist nicht erkennbar. Der Tiefstand wird ohne den Einsatz einer Methode erreicht; die Anzahl der LKWs beträgt dann nur 6 Stück.

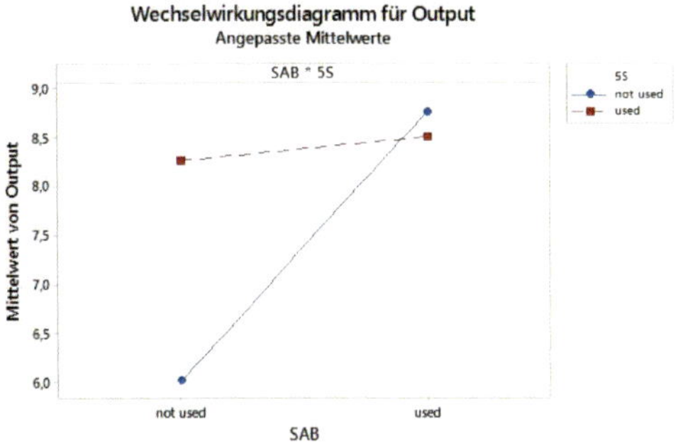

Bild 5.17: Wechselwirkungsdiagramm KPI Output, SAB * 5S

➢ Fazit zum Modell Output

Auch bei Betrachtung dieses KPIs zeigt Poka Yoke die größte Beeinflussung auf. Der Output ist am höchsten, wenn Poka Yoke allein eingesetzt wird. Dies kann dadurch erklärt werden, dass Poka Yoke ebenfalls zur drastischen Reduzierung der DLZ und Anzahl der Nacharbeit beiträgt, die einen direkten Einfluss auf die Ausbringungsmenge nehmen. Bei einer minimalen DLZ und geringen Nacharbeiten sind in kürzerer Zeit mehr fehlerfreie LKW erstellt worden. Die Hypothese kann daher angenommen werden.

Statistisch signifikant sind SAB (A), Kanban (B) und Poka Yoke (D) sowie die Wechselwirkungen SAB*5S (AC). Der größte Effekt kann innerhalb des Modells für Poka Yoke (D) nachgewiesen werden.

➢ Prognose und Zielgrößenoptimierung

Bei der Prognosefunktion erzielt die Kombination SAB*Kanban*Poka Yoke das beste Ergebnis. Der Output würde ca. 12 LKW (gerundet) betragen. Poka Yoke ist weiterhin in den drei besten Ergebnissen enthalten. Der Einsatz keiner Prozessoptimierungsmethode (Referenzrunde) erzielt das schlechteste Ergebnis (s. Tabelle 5.3).

Tabelle 5.3: Auszug aus Prognosewerte, KPI Output, siehe Anhang F
Legende: * KI = Konfidenzintervall, *2 PI = Prognoseintervall

Rang	Methoden	Anpassung	95%-KI*	95%-PI*2
1	Kanban, Poke Yoke, SAB	11,7917	10,4147; 13,1686	7,66089; 15,9224
2	5S, Kanban, Poka Yoke, SAB	11,5417	10,1647; 12,9186	7,41089; 15,6724
3	5S, Kanban, Poka Yoke	11,2917	9,91474; 12,6686	7,16089; 15,4224
...	...	...	...	...
16	Referenzrunde	2,95833	1,58141; 4,33526	1,00352; 4,32982

Die Zielgrößenoptimierung (s. Bild 5.18) liefert das identische Ergebnis, jedoch nur mit einem Erwünschtheitswert von 0,83013. Dies bedeutet, dass das Ziel der Output Maximierung lediglich zu 83 % erfüllt wird.

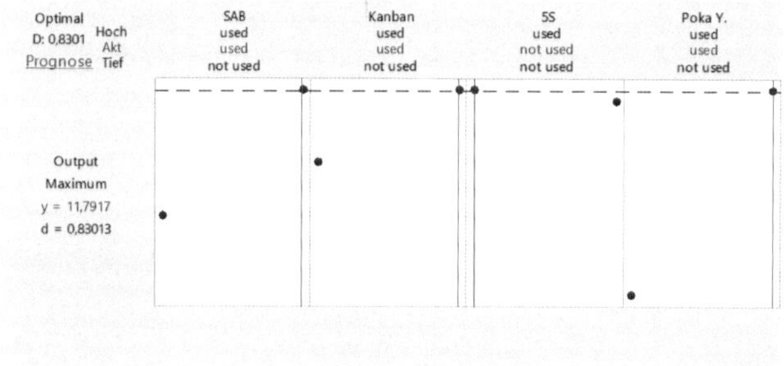

Bild 5.18: Optimierungsdiagramm KPI Output

5.2.2 Auswertung mit der binären logistischen Regression

Die binäre logistische Regressionsanalyse ist ein statistisches Analyseverfahren, das den qualitativen Zusammenhang zwischen einer oder mehreren Variablen erklärt, sodass eine Prognostizierbarkeit einer Variablen ermöglicht wird.[375] Somit ist sie eine statistische Analysemethode zur Überprüfung, ob Werte einer abhängigen Variable (Prädiktor[376]) durch eine oder mehrere unabhängige Variablen beeinflussbar sind.[377]

375 Vgl. Neter et al. (1996): S. 3.
376 Vgl. Harrell (2001): S. 215.
377 Vgl. Windizo (2013): S. 39.

Die Besonderheit der binären logistischen Regression ist, dass die Merkmalsausprägungen der Variablen binär – dichotom[378] – sind und nur zwei Werte annehmen können (bspw. An/Aus, Ja/Nein, 1/0).[379] Auch bei der Anwendung zu experimentellen Überprüfungen, ob z. B. ein Bauteil einer Schlagkraft standhält oder versagt, wird diese Analyse eingesetzt.[380] Neben der Feststellung des Zusammenhangs der Variablen ist das Schätzen der Eintrittswahrscheinlichkeit bestimmter Ereignisse eine weitere Zielgröße der Analyse.[381]

Antwortvariablen	: 2
Faktorenanzahl	: 4
Faktorstufen	: *Not used, used*
Versuchsrunden	: 48
α-Signifikanzniveau	: 0,05 (5 %)
Konfidenzintervall	: 0,95 (95 %)

Modell - KPI Termintreue

Aus den Erkenntnissen des in Kapitel 2 hergeleiteten theoretischen Wissens ist folgende Hypothesenformulierung möglich:

In dem Modell kann die Anwendung der vier Prozessoptimierungsmethoden SAB (A), Kanban (B), 5S (C) und Poka Yoke (D) zu einer Erhöhung der Termintreue führen.

Die Aufgabenstellung des Planspiels beinhaltet eine Termintreue. Der Kunde möchte nach den ersten zwei Minuten einen fertig produzierten LKW in Empfang nehmen. Während des Experiments wird festgehalten, ob die Probanden des jeweiligen Versuchsdurchlaufs dieser Anforderung nachkommen. Da sich die Termintreue in diesem Planspiel über die Stufen „ja“ oder „nein“, das heißt „Termintreue erfüllt“ oder „Termintreue nicht erfüllt“, messen lässt, wird in diesem Modell keine Analyse mittels der statischen Versuchsplanung durchgeführt. Es wurde lediglich „ja“ oder „nein“ gemessen und keine absolute Abweichung der Minuten.

An dieser Stelle kommt die binäre logistische Regression zum Einsatz. Im Experiment stehen die Optionen „ja“ oder „nein“ zur Verfügung. Die Optimierungsmethoden gelten als kategoriale Prädiktoren und sind den unabhängigen Variablen gleichzusetzen. Die

[378] Vgl. Natrop (2015): S. 47.
[379] Vgl. Lübke, Vogt (2014): S. 2.
[380] Vgl. Cox, Snell (1989): S. 1.
[381] Vgl. Lunau et al. (2014): S. 238.

Termintreue wird in 21 Versuchsdurchläufen eingehalten. In 27 Runden erhält der Kunde den produzierten LKW nicht nach den geforderten zwei Minuten.

Informationen zur Antwortvariable

Variable	Wert	Anzahl	
Termintreue	ja	21	(Ereignis)
	nein	27	
	Gesamt	48	

Abweichungstabelle

Quelle	DF	Kor Abw	Kor MW	Chi-Quadrat	p-Wert
Regression	4	38,5767	9,6442	38,58	0,000
SAB	1	0,2509	0,2509	0,25	0,616
Kanban	1	0,2509	0,2509	0,25	0,616
5S	1	2,2570	2,2570	2,26	0,133
Poka Yoke	1	37,6403	37,6403	37,64	0,000
Fehler	43	27,2135	0,6329		
Gesamt	47	65,7902			

Zusammenfassung des Modells

R-Qd der Abweichung	R-Qd(kor) der Abweichung	AIC
58,64%	52,56%	37,21

Um zu erkennen, welche Prozessoptimierungsmethoden signifikante Einflüsse auf die Termintreue haben, sind die p-Werte zu untersuchen. Bei der binären logistischen Regression liegt ebenfalls eine statistische Signifikanz vor, wenn die p-Werte das Signifikanzniveau unterschreiten.[382] Für Poka Yoke offenbart sich ein p-Wert von 0,000. Dieser unterschreitet das Signifikanzniveau, so dass von einer statistischen Signifikanz ausgegangen wird. Die weiteren Optimierungsmethoden weisen einen zu hohen p-Wert auf und werden aus diesem Grund als relevante Einflussgrößen auf die Termintreue ausgeschlossen.

Es wird ein R^2-Wert von 58,64 % erzielt. Daraus schließt sich, dass durch die Optimierungsmethoden 58,64 % der Varianz in den Daten erklärt werden. Da R^2, wie bereits erwähnt, Werte zwischen 0 % und 100 % annehmen kann, erklärt dieses Modell etwas mehr als die Hälfte der Streuung. Für das korrigierte Bestimmtheitsmaß ergibt sich ein Wert von 52,56 %. Dieser Wert ist jedoch nur von zentraler Bedeutung, wenn nachfolgend weitere Terme zu einem Modell hinzugefügt oder entfernt werden. Dies ist bei der binären logistischen Regression nicht der Fall, weshalb eine ausführliche Betrachtung des korrigierten R^2 -Wertes ausbleibt. Die binäre logistische Regression ermöglicht ebenfalls die Darstellung der Haupteffekte einzelner Optimierungsmethoden, wie aus Bild 5.19 zu entnehmen ist.

382 Vgl. Minitab GmbH (o.J.).

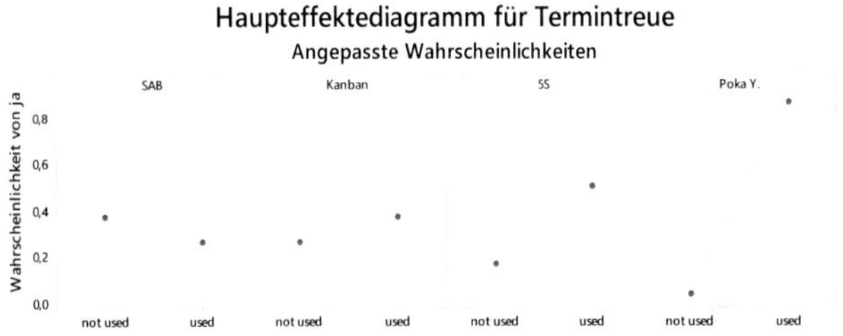

Bild 5.19: Haupteffektediagramm KPI Termintreue

Auch in diesem Fall werden die Optimierungsmethoden in jeweils eigenen Spalten untergliedert. Die X-Achse dient der Differenzierung zwischen den Faktorstufen „used" und „not used". Auf der Y-Achse befindet sich die Wahrscheinlichkeit zur Erfüllung der Termintreue in Prozent.

Bei Betrachtung der SAB Methodik fällt auf, dass die Wahrscheinlichkeit zur Einhaltung der Termintreue ohne Anwendung von SABs bei 36,53 % liegt. Werden den Probanden SABs als Hilfestellung zur Verfügung gestellt, verschlechtert sich dieser Wert um 10,75 %. Das SAB hat somit keinen positiven Einfluss auf die Termintreue. Kanban hingegen etabliert sich als hilfreicher. So kann dem Kunden mit einer Wahrscheinlichkeit von 36,53 % nach zwei Minuten ein LKW geliefert werden.

Bei einer Analyse der 5S Methode ist ein stärkerer Unterschied zwischen den Faktorstufen erkennbar. Wird auf den Einsatz von 5S verzichtet, wird die Termintreue zu 16,65 % eingehalten. Durch den Einsatz von Shadowboards erhöht sich diese Wahrscheinlichkeit im Experiment auf 50 %.

Wie bereits aus dem Bericht von Minitab ableitbar, existiert zwischen den Faktorstufen von Poka Yoke eine erhebliche Differenz. Ohne Poka Yoke wird dem Kunden mit einer Wahrscheinlichkeit von 3,03 % alle zwei Minuten ein fertiges Produkt geliefert. Die Wahrscheinlichkeit erhöht sich auf 86,49 %, wenn Poka Yoke als Fehlervermeidungsprinzip angewendet wird. Dieser extreme Effekt wird durch die steile Steigung der Geraden grafisch veranschaulicht. Aus dem Haupteffektediagramm ist zu erkennen, dass die Einzelfaktoren Kanban und 5S nicht den stärksten Einfluss auf die Steigerung der Termintreue haben.

Eine Überprüfung der Wechselwirkungen zeigt für die Faktorkombinationen SAB*Kanban, SAB*5S und Kanban*5S keine signifikanten Wechselwirkungen. Für die mit Poka Yoke enthaltenen Kombinationen SAB*Poka Yoke, Kanban*Poka Yoke und 5S*Poka Yoke werden keine Analysedaten generiert. Dies ist bei diesem Modell auf eine zu kleine Datenmenge zurückzuführen. Es liegt eine quasi-vollständige Trennung der Daten vor. Die Prädiktoren liefern bei den meisten Werten eine perfekte Prognose der Werte der Antwortvariablen. Um dennoch zu ermitteln, ob es sich bei diesen Faktorkombinationen um signifikante Wechselwirkungen handelt, ist ein Chi² Test nach Pearson durchzuführen.

Der Chi² Test ist ein statistisches Verfahren zur Untersuchung von dichotomen Variablen.[383] Dabei wird anhand des p-Wertes für Chi² ermittelt, ob eine gegenseitige Beeinflussung zweier Variablen ausgeschlossen werden kann.[384] Hierzu wurden alle Durchläufe, in denen beide Faktoren einer Faktorkombination angewendet wurden, mit 1 und alle von dieser Bedingung abweichende Durchläufe mit -1 bewertet. Es wurde somit unterschieden, ob die entsprechende Faktorkombination angewendet wurde oder nicht. Dadurch kann ein Überblick über die Verteilungen generiert werden. Der Häufigkeitstabelle ist zu entnehmen, in wie vielen Fällen die Termintreue entweder bei dem Einsatz oder Verzicht einer Faktorkombination eingehalten bzw. nicht eingehalten wurde. Die Chi² Tests für die Faktorkombinationen SAB*Poka Yoke, Kanban*Poka Yoke und 5S*Poka Yoke zeigen jeweils p-Werte größer als das gesetzte α-Signifikanzniveau von 0,05. Somit kann bestätigt werden, dass die aufgeführten Kombinationen keine signifikanten Wechselwirkungen darstellen.

Fazit zum Modell Termintreue

Die Betrachtung der KPIs ‚DLZ' und ‚Output' zeigte auf, dass Poka Yoke die größten Effekte bereitstellte. Dies lässt sich ebenfalls auf den KPI ‚Termintreue' übertragen. Durch eine schnelle und gleichzeitig steigende Ausbringungsmenge kann eine Verbesserung der Termintreue erreicht werden. Die Hypothese kann angenommen werden.

> Der einzige statistisch signifikante Effekt kann innerhalb des Modells bei der Prozessoptimierungsmethode Poka Yoke (D) nachgewiesen werden.

- **Prognose und Zielgrößenoptimierung**

Anhand der Zielgrößenoptimierung lässt sich die optimale Faktorkombination zur Einhaltung der Termintreue feststellen. Das Ziel ist hierbei die Maximierung der Termintreue. Sowohl die Prognosefunktion als auch die Zielgrößenoptimierung liefern das Ergebnis, dass die Methodenkombination Kanban*5S*Poka Yoke das beste Ergebnis mit einer Wahrscheinlichkeit von ca. 0,9595 aufweist.

---

383 Vgl. Bühl (2008): S. 329
384 Vgl. Helmig, Tscheulin (2004): S. 88

Tabelle 5.4: Auszug aus Prognosewerten, KPI Termintreue, siehe Anhang G

Legende: * KI = Konfidenzintervall

Rang	Methoden	Anpassung	95%-KI*
1	5S, Kanban, Poke Yoke	0,959544	0,617532; 0,997138
2	5S, Kanban, Poka Yoke, SAB	0,934703	0,536073; 0,994392
3	5S, Poka Yoke	0,934703	0,536073; 0,994392
...	...	...	...
16	Referenzrunde	0,0083608	0,0003039; 0,189534

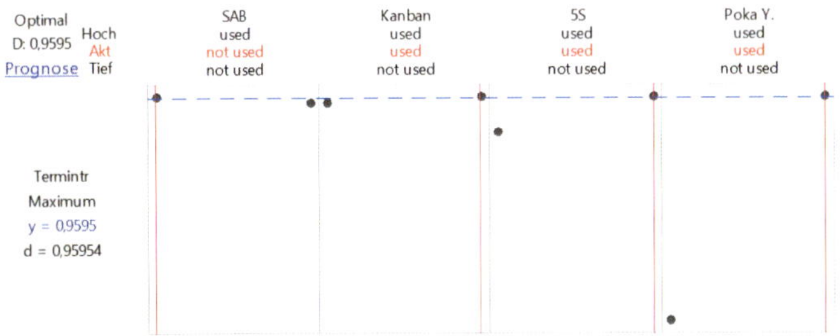

Bild 5.20: Optimierungsdiagramm KPI Termintreue

Als optimale Variableneinstellung in Bild 5.20 kristallisiert sich Kanban*5S*Poka Yoke heraus. Diese Kombination erzielt eine individuelle und zusammengesetzte Erwünschtheit von 0,9595. Der generierte Output ist als Prozentzahl zu interpretieren. Durch Vornehmen dieser Einstellung wird die Termintreue zu 95,95 % erfüllt. Das Modell kommt der Zielsetzung nach.

Eine Betrachtung des Minitab-Auszugs zeigt, dass das 95%ige Konfidenzintervall von 0,6175 bis 0,9971 reicht. Der Mittelwert zur Einhaltung der Termintreue liegt mit einer Wahrscheinlichkeit von 95 % zwischen 61,75 % und 99,71 %.

```
Angepasste            SE
Antwort         Wahrscheinlichkeit  Anpassung          95%-KI
Termintreue                 0,9595     0,0532  (0,6175; 0,9971)
```

Als auffällig erweist sich, dass Poka Yoke bis einschließlich Rang sechs in den Termen enthalten ist. Der extreme Anstieg der prognostizierten Werte zwischen Rang sechs und Rang sieben demonstriert den wesentlichen Einfluss von Poka Yoke zur Steigerung der Termintreue. Auf Rang fünf sind zwei Modellterme mit dem gleichen prognostizierten Wert angeordnet. Poka Yoke führt zur gleichen prozentualen Termintreue wie die Kombination SAB*Kanban*Poka Yoke. Aufgrund der identischen Effektivität ist die alleinige Anwendung von Poka Yoke hinsichtlich eines geringeren Einführungsaufwands zu bevorzugen. Soll jedoch eine höhere Termintreue als 74,11 % erzielt werden, so muss Poka Yoke um mindestens eine zusätzliche Optimierungsmethode ergänzt werden. Des Weiteren ist zu beachten, dass die 5S Methode in den Faktorkombinationen der TOP 3 enthalten ist. Denn durch das Kombinieren der Methoden 5S und Poka Yoke kann die Effektivität der Einzelanwendung von Poka Yoke weiter gesteigert werden. Die 5S Methode hat somit ebenfalls einen Einfluss auf die Termintreue. Rang zwei identifiziert eine identische Termintreue von 93,47 % zwischen den Kombinationen 5S*Poka Yoke und SAB*Kanban*5S*Poka Yoke. Bedingt durch eine leichtere Einführung von 5S*Poka Yoke ist in diesem Fall die Zweifachwechselwirkung zu bevorzugen. Durch das Hinzufügen von Kanban entsteht die optimale Dreifachwechselwirkung Kanban*5S*Poka Yoke. Jedoch ist, ausgehend von der Wechselwirkung 5S*Poka Yoke, eine Erhöhung der Termintreue um lediglich 2,48 % erkennbar. Somit ist abzuwägen, ob sich in der Praxis ein erhöhter Zeit- und Kostenaufwand, der mit der Implementierung von Kanban verbunden ist, als gewinnbringend erweist oder die Kombination von 5S*Poka Yoke bereits zufriedenstellend ist. Eine Betrachtung der Regressionsgleichung bestätigt den positiven Effekt von Poka Yoke.

```
Regressionsgleichung

p(ja)  =  exp(j')/(1 + exp(j'))


Y' = -4,27 + 0,0 SAB_not used - 0,50 SAB_used + 0,0 Kanban_not used
+ 0,50 Kanban_used + 0,0 5S_not used + 1,61 5S_used
+ 0,0 Poka Yoke_not used + 5,32 Poka Yoke_used
```

So schlägt sich in der aufgeführten Gleichung die Anwendung von Poka Yoke mit einem überdurchschnittlich hohen Wert nieder. 5S hat den zweitgrößten Effekt auf die Termintreue. Einen weiteren, wenn auch sehr geringfügigen Einfluss, hat die Kanban-Methodik. Anhand der Gleichung lässt sich die optimale Faktoreinstellung bestätigen. So etabliert sich für diese drei Optimierungsmethoden ein positiver Effekt. Dennoch überwiegt der Einfluss von Poka Yoke.

Modell - KPI Nacharbeit

Begründet aus den Erkenntnissen der Modellkonzeption und Gestaltung kann folgende Hypothese formuliert werden:

> In dem Modell kann die Anwendung der vier Prozessoptimierungsmethoden SAB (A), Kanban (B), 5S (C) und Poka Yoke (D) zur Reduzierung der Nacharbeit als positiver Effekt angesehen werden.

Die Aufgabenstellung des Planspiels enthält die Maximierung des Outputs. Zur Messung der Wirksamkeit der ausgewählten Methoden spielt der KPI ‚Nacharbeit' eine bedeutsame Rolle. Im Planspiel wird die Nacharbeit anhand der Ausprägungen ‚ja' und ‚nein' ermittelt. Das Annehmen von ausschließlich zwei nominalen Ausprägungen der Antwortvariablen befürwortet die Durchführung einer binären logistischen Regression.

Dies bedeutet, dass der KPI Nacharbeit ausschließlich danach differenziert wurde, ob dieser stattgefunden hat oder nicht. Es erfolgte keine Quantifizierung der Werte. Sind in einer Durchführungsrunde Nacharbeiten angefallen, so wird die ganze Runde mit der Antwortvariablen ‚ja' bewertet. Die Optimierungsmethoden werden weiterhin als kategoriale Prädiktoren betrachtet. In 48 Durchführungsrunden sind insgesamt 27 LKW mit einem Fehler versehen und erfordern Nacharbeiten, um dem Kunden ein fehlerfreies Produkt zu liefern.

Informationen zur Antwortvariable

Variable	Wert	Anzahl	
Nacharbeit	ja	27	(Ereignis)
	nein	21	
	Gesamt	48	

Abweichungstabelle

Quelle	DF	Kor Abw	Kor MW	Chi-Quadrat	p-Wert
Regression	4	22,8929	5,7232	22,89	0,000
SAB	1	6,4840	6,4840	6,48	0,011
Kanban	1	1,2667	1,2667	1,27	0,260
5S	1	0,1434	0,1434	0,14	0,705
Poka Yoke	1	17,7468	17,7468	17,75	0,000
Fehler	43	42,8972	0,9976		
Gesamt	47	65,7902			

Zusammenfassung des Modells

R-Qd der Abweichung	R-Qd(kor) der Abweichung	AIC
34,80%	28,72%	52,9

Aus einer Betrachtung der ermittelten p-Werte leiten sich die statistisch signifikanten Optimierungsmethoden ab. Lediglich der p-Wert der Methode Poka Yoke und des SAB unterschreitet das geforderte Signifikanzniveau. Bei den verbleibenden Methoden ist von keiner statistischen Signifikanz auf die Nacharbeiten auszugehen.

Verglichen mit vorhergehenden Modellen ergibt sich mit 34,80 % ein niedrigerer R^2-Wert. Wie bereits näher erläutert kann das Bestimmtheitsmaß Werte zwischen 0 % und 100 % annehmen. KRAFFT zufolge handelt es sich bei der Überschreitung von 20 % um Regressionsmodelle mit einem akzeptablen Erklärungsgehalt.[385] In dem durchgeführten Planspiel wird ein R^2-Wert von 34,80 % erzielt. Dies entspricht dem von KRAFFT gesetzten Wert. Das angewandte Modell liefert somit einen ausreichenden Erklärungsgehalt. Anhand eines Haupteffektdiagramms (s. Bild 5.21) sind die Ausprägungen der Effekte der einzelnen Methoden auf die Nacharbeiten deutlich erkennbar.

[385] Vgl. Krafft (1996): S. 272.

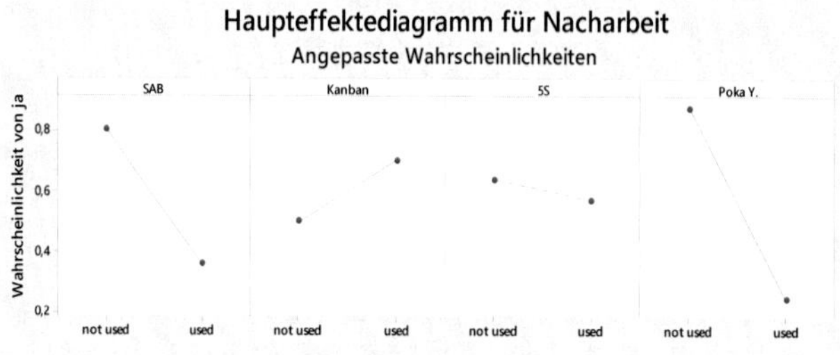

Bild 5.21: Haupteffektediagramm KPI Nacharbeit

Die vier Optimierungsmethoden werden separat in den Spalten (s. Bild 5.21) dargestellt. Auf der X-Achse werden die Faktorstufen „used" und „not used" abgetragen, so dass für jede Methode die Differenz zwischen beiden Faktorstufen deutlich wird. Die Y-Achse stellt die Wahrscheinlichkeit, dass Nacharbeiten notwendig sind, in Prozent dar. Eine nähere Analyse der Kanban Methode zeigt, dass diese Methode einen negativen Einfluss auf den KPI ‚Nacharbeit' hat. Die Wahrscheinlichkeit für nachträgliche Verbesserungen steigt durch die Anwendung von Kanban von 50 % auf ca. 70 %.

Bei der 5S Methode ist hingegen ein positiver Effekt erkennbar. Eine Anwendung ist empfehlenswert, da sich der Aufwand zur Fehlerbeseitigung um mehr als 6 % reduziert.

Stärkere Effekte treten bei den Optimierungsmethoden SAB und Poka Yoke auf. Der Einsatz von SABs an den einzelnen Arbeitsstationen reduziert die Wahrscheinlichkeit von nachträglichen Ausbesserungen von 80,63 % auf 36,11 %. Die extreme Neigung der Geraden in der Spalte der Poka Yoke Methode verdeutlicht den starken Effekt des Einsatzes auf die Anzahl an Nacharbeiten. Wird auf Poka Yoke verzichtet, so liegt die Wahrscheinlichkeit, dass Fehler am Produkt auftreten bei 87,90 %. Diese Wahrscheinlichkeit kann durch die Anwendung auf 24,45 % reduziert werden.

Die Überprüfung der Wechselwirkungen zeigt keine Signifikanzen auf. Einzig bei der Faktorkombination SAB*Poka Yoke kann aufgrund der bereits erwähnten geringen Datenmenge beim KPI Termintreue auch in diesem Modell keine Überprüfung auf eine Wechselwirkung erfolgen. Auch an dieser Stelle ist anzumerken, dass in dem Term hochsignifikante Einzelfaktoren enthalten sind, weshalb es erforderlich ist, dazu mehr Daten durch weitere Planspielrunden zu sammeln. Es besteht die Option durch den Chi^2 Test anhand des p-Wertes die statistische Signifikanz der Wechselwirkung zu überprüfen. Hierfür wurden alle Versuchsdurchläufe, in denen beide Methoden angewendet wurden, im Datensatz mit 1 bewertet. Ist sowohl auf SAB als auch Poka Yoke verzichtet worden oder ist nur ein Faktor angewendet worden, so wurde die Runde mit -1 bewertet. Es wird für diese Untersuchung ausschließlich differenziert, ob die Faktorkombination SAB*Poka Yoke angewendet wurde oder nicht. Die Häufigkeitstabelle gibt Auskunft darüber, wie oft durch den Einsatz oder den Verzicht auf die Faktorkombination Nacharbeiten angefallen sind. Der p-Wert des Chi^2 Tests liegt bei 0,771 und ist somit größer als das gesetzte α-Signifikanzniveau. Es besteht somit keine statistische Wechselwirkung zwischen den Faktoren SAB und Poka Yoke.

➢ Fazit zum Modell Nacharbeit

Gemäß den ausgewerteten Daten kann eine deutliche Reduzierung des KPIs ‚Nacharbeit' mittels des Einsatzes der Poka Yoke Methode nachgewiesen und die Hypothese angenommen werden. Dies ist auf das Prinzip der Fehlervorbeugung zurückzuführen.

Statistisch signifikant sind die Methoden SAB (A) und Poka Yoke (D). Des Weiteren kann für Poka Yoke der größte Effekt innerhalb des Modells nachgewiesen werden.

➢ Prognose und Zielgrößenoptimierung

Die in Minitab verankerte Funktion zur Zielgrößenoptimierung bietet die Möglichkeit zur Ermittlung der optimalen Faktorkombination, die den nachträglichen Aufwand für Nacharbeiten minimiert.

Dabei zeigt sich sowohl im Optimierungsdiagramm (s. Bild 5.22) als auch anhand der in Minitab enthaltenen Prognosefunktion (s. Tabelle 5.5), dass die Faktorkombination SAB*5S*Poka Yoke die geringste Wahrscheinlichkeit für anfallende Nacharbeiten darstellt. Diese Wahrscheinlichkeit liegt bei 0,0631.

Tabelle 5.5: Auszug aus Prognosewerten, KPI Nacharbeit

Legende: * KI = Konfidenzintervall

Rang	Methoden	Anpassung	95%-KI*
1	5S, Poke Yoke, SAB	0,0631048	0,0088654; 0,336518
2	Poka Yoke, SAB	0,0823787	0,0126499; 0,386147
3	5S, Kanban, Poka Yoke, SAB	0,136756	0,0247872; 0,496831
...	...	...	...
16	Kanban	0,972160	0,784393; 0,997025

Die Erkenntnisse aus der Prognose stimmen mit der Zielgrößenoptimierung überein und sind dem Optimierungsdiagramm (s. Bild 5.22) zu entnehmen.

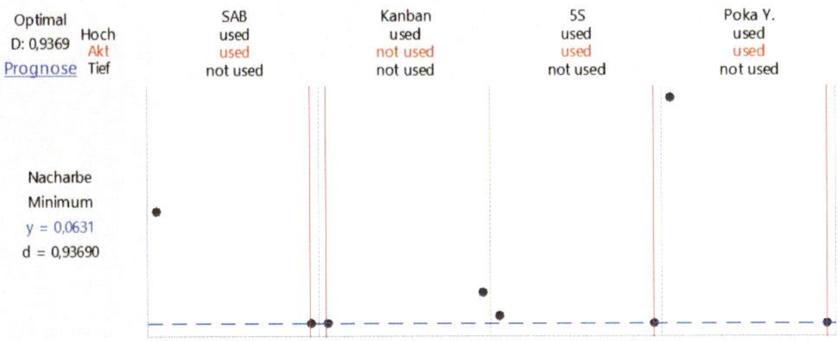

Bild 5.22: Optimierungsdiagram KPI Nacharbeit

Ziel ist die Minimierung des Aufwandes für nachträgliche Verbesserungen, um dem Kunden einen fehlerfreien LKW zu liefern. Um diese Wahrscheinlichkeit zu reduzieren, empfiehlt sich die Faktorkombination SAB*Kanban*5S*Poka Yoke. Mittels Einstellung dieser Variation wird eine individuelle Erwünschtheit von 0,9369 erreicht. Je höher der Wert der Erwünschtheit, desto stärker erfüllt die vorgenommene Einstellung die definierte Zielsetzung. Aus dem Optimierungsdiagramm ist die Wahrscheinlichkeit für erforderliche Verbesserung zu entnehmen. Durch die optimale Faktorkombination liegt diese Wahrscheinlichkeit bei 6,31 %.

Das im Minitab-Auszug aufgeführte 95%ige Konfidenzintervall definiert die Werte, zwischen denen sich der Mittelwert für die Wahrscheinlichkeit von Nacharbeiten befindet. So liegt der wahre Mittelwert zu 95 % in einem Bereich zwischen 0,89 % und 33,65 %.

```
Angepasste          SE
Antwort        Wahrscheinlichkeit  Anpassung        95%-KI
Nacharbeit              0,0631      0,0609  (0,0089; 0,3365)
```

Bei einer Betrachtung der prognostizierten Werte fällt auf, dass auch bei diesem Modell Poka Yoke eine relevante Rolle in den oberen Rängen der dargestellten Prognosetabelle spielt. So stellt Poka Yoke bis einschließlich Rang sieben einen relevanten Faktor dar bzw. ist in einflussreichen Faktorkombinationen enthalten.

Des Weiteren zeigt sich, dass die alleinige Anwendung der Kanban Methodik zu dem schlechtesten Ergebnis führt und den letzten Rangplatz belegt. Unter ihrer Anwendung fallen die meisten Nacharbeiten an. Zu berücksichtigen ist, dass die Kanban Methode keine Fehlerreduzierung als Zielsetzung hat. Es besteht die Möglichkeit, dass die Probanden durch die eigenständige und komplexe Materialbeschaffung und der Setzung des Kanban Signals abgelenkt waren und dies zu einer erhöhten Anzahl an Nacharbeiten führte. Die negativen Auswirkungen von Kanban werden auch auf den oberen Rangplätzen deutlich. So liegt die Wahrscheinlichkeit, dass Verbesserungen anfallen bei der optimalen Faktorkombination SAB*5S*Poka Yoke bei 6,3 %. Durch das Hinzufügen von Kanban und Herstellung der Faktorkombination SAB*Kanban*5S*Poka Yoke verschlechtert sich die Wahrscheinlichkeit und steigt auf 13,7 %. Dies reflektiert den negativen Einfluss von Kanban auf die Anzahl an Nacharbeiten.

Entsprechend dieser Logik kann auch der positive Effekt von Poka Yoke näher beleuchtet werden. So belegt der alleinige Einsatz von Kanban den letzten Rangplatz. Aus der Ergänzung um Poka Yoke entsteht die Faktorkombination Kanban*Poka Yoke, welche auf Rang neun angeordnet ist.

Die oberen Ränge werden ausschließlich mit Faktorkombinationen, die aus mindestens zwei Faktoren bestehen, belegt. Die Anwendung einer einzelnen Methode führt zu einer maximalen Wahrscheinlichkeit von ca. 40 %. Dieser Wert ist als relativ hoch einzustufen und es ist von regelmäßigen Nacharbeiten auszugehen. Daher scheint es empfehlenswert eine Faktorkombination bestehend aus mindestens zwei Methoden anzuwenden.

So führt die Kombination SAB*Poka Yoke dazu, dass nur zu 8,24 % nachträgliche Verbesserungen an gefertigten LKWs anfallen. Die Differenz zu der optimalen Faktorkombination ist nur noch sehr gering.

Allerdings ist in Erwägung zu ziehen, 5S als zusätzliche Methode einzuführen und somit die optimale Faktorkombination zu erhalten. Denn die Einrichtung einer Shadow Wall zur Implementierung von 5S ist mit einem geringen Aufwand verbunden.

Anhand der Regressionsgleichung wird der positive Einfluss von Poka Yoke auf die Notwendigkeit von Nacharbeiten deutlich.

```
Regressionsgleichung

p(ja)  =  exp(Y')/(1 + exp(Y'))


Y' = 2,70 + 0,0 SAB_not used - 1,997 SAB_used + 0,0 Kanban_not used + 0,855 Kan-
ban_used+ 0,0 5S_not used - 0,287 5S_used + 0,0 Poka Y._not used
- 3,111 Poka Y._used
```

Die aufgeführte Gleichung bestätigt die bisherigen Analyseergebnisse. Die Methoden 5S, Poka Yoke und SAB sind jeweils mit einem negativen Vorzeichen versehen. Dies deutet auf den positiven Effekt hin. Diese Methoden tragen zur Reduzierung der Wahrscheinlichkeit für anfallende Nacharbeiten bei. Die Kanban Methodik wird in der Regressionsgleichung durch ein positives Vorzeichen angeführt und weist auf eine Erhöhung der Wahrscheinlichkeit hin. Dies steht im Einklang zu den bisherigen Ergebnissen der binären logistischen Regression. Für Poka Yoke etabliert sich der stärkste positive Einfluss auf dieses Modell.

5.3 Multiple Zielgrößenoptimierung

Unterkapitel 5.2 bildet die separate Auswertung der einzelnen Zielgrößen, deren Prognose und Zielgrößenoptimierung ab. Ziel des nachfolgenden Abschnittes ist es, aufzuzeigen, welche Faktorkombination zu einer Optimierung aller KPIs innerhalb einer Analysemethode führt. Dabei sind die KPIs der vollfaktoriellen Analyse und der binären logistischen Regression zu untersuchen.

Des Weiteren bietet die Zielgrößenoptimierung die Option zur Gewichtung einzelner Antwortvariablen. Hierfür wurde bei beiden Analysevorgehen zunächst die ideale Faktoreinstellung, welche die beste Gesamterwünschtheit im Modell bietet und anschließend die Antwortvariablen in mehreren Durchgängen unterschiedlich zwischen 1 und 10 gewichtet. In der nachfolgenden Gestaltung der multiplen Zielgrößenoptimierung werden daher die eingangs ermittelten Idealeinstellungen auch mit Gewichtung durchgeführt.

5.3.1 Multiple Zielgrößenoptimierung mit der vollfaktoriellen Analyse

Zunächst wurden folgende Zielvorgaben der KPIs, die mittels der vollfaktoriellen Analyse untersucht werden, getroffen: Minimierung der Antwortvariablen ‚Lagerwert' und ‚DLZ' sowie Maximierung des KPIs ‚Output' bzw. Ausbringungsmenge.

Lagerwert	: Minimieren
Durchlaufzeit	: Minimieren
Output	: Maximieren

Minitab liefert als optimale Kombination – veranschaulicht in Bild 5.23– folgendes Ergebnis: Die Einstellung sämtlicher Faktorstufen auf used führt zu einem Gesamterwünschtheitswert von 0,8956 und verdeutlicht, dass das Modell die Optimierung aller Zielgrößen gut erreicht.

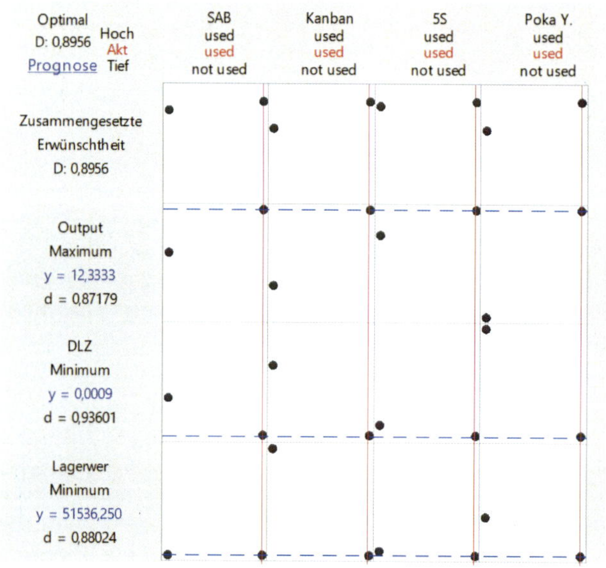

Bild 5.23: Optimierungsdiagramm multiples Modell

Die erste Zeile im Optimierungsdiagramm zeigt die zusammengesetzte Erwünschtheit. Die darauffolgenden Reihen stellen die Ergebnisse für die Durchlaufzeit, den Output und den Lagerwert dar. Für den KPI ‚Output' ergibt sich die geringste Erwünschtheit mit d = 0,87179 und eine Ausbringungsmenge von 12,3333 Stück. Diese liegen unter den Werten der Einzeloptimierung (d = 0,8301, 11,79 Stück), können jedoch bei gerundeter Betrachtung von ca. 12 LKWs als konstant angenommen werden.

Das beste Ergebnis erzielt die Zielgröße DLZ. Sie trägt mit einem Erwünschtheitsmaß von 0,93601 zur Erreichung einer hohen Modellgüte bei. Mit etwa 1:18 Min. ist diese etwas länger als bei der Einzelbetrachtung.

Bei der Betrachtung der Antwortvariable ‚Lagerwert' ist ebenfalls eine Verschlechterung aufzuzeigen. Die Kosten steigen von ca. 41.852,90€ (bei der Einzeloptimierung) auf 51.536,25 € an. Das Erwartungsmaß fällt von 0,99579 auf 0,88024 ab. In der folgenden Tabelle 5.6 werden die prognostizierten Ergebnisse der Antwortvariablen deutlich.

Tabelle 5.6: Prognosewerte DoE

Legende: * KI = Konfidenzintervall, *² PI = Prognoseintervall

KPI	Anpassung	SE Anpassung	95%-KI*	95%-PI*²
Output	12,33	1,05	10,19; 14,48	8,04; 16,63
DLZ	0,000864	14,48	-0,000108; 0,001836	-0,001079; 0,002808
Lagerwert	51.536	0,000477	39.723; 63.350	21.807; 81.266

Abschließend ist festzuhalten, dass unter den betrachteten Rahmenbedingungen des Planspiels z.B. eine Maximierung der Ausbringungsmenge (d = 0,87179) mittels des Einsatzes aller Faktoren nicht erzielt werden kann.

Gewichtungsmöglichkeiten

Es ist zu berücksichtigen, dass eine Gewichtung der KPIs abhängig von verschiedenen Problemstellungen genutzt werden sollte. Prinzipiell sollte eine Gewichtung entsprechend der unternehmensspezifischen Priorität der Kennzahlen erfolgen. Es wurden alle möglichen Gewichtungseinstellungen im Modell geprüft. Dabei ist nur folgendes auffällig:

Wird im Modell eine hohe Gewichtung von 10 auf die Antwortvariable ‚Lagerwert' gelegt, bei einer zeitgleichen Optimierung der KPIs ‚Output' und ‚DLZ' wird im Vergleich zum multiplen Modell mit der optimalen Einstellung eine Veränderung der bestmöglichen Faktoreinstellung für den KPI Lagerwert erreicht.

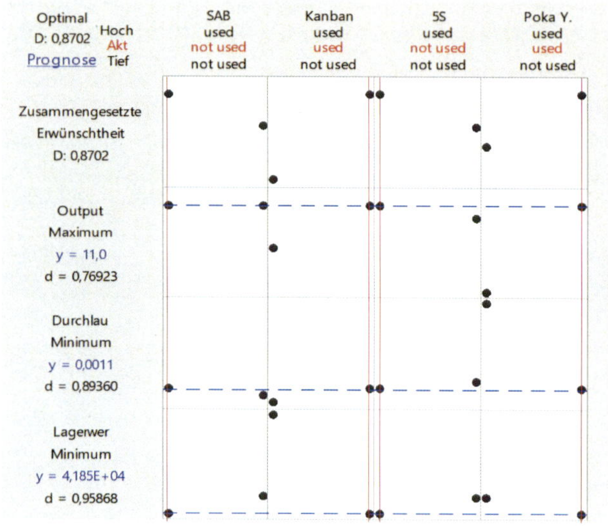

Bild 5.24: Optimierungsdiagramm multiples Modell mit Gewichtung

Wie in Bild 5.24 zu sehen, fallen die Faktoren SAB und 5S aus dem Modell weg. Vergleichsweise führt die Gewichtung zu einer Erhöhung der DLZ und einer Verringerung des Outputs. Allerdings reduziert sich der Lagerwert dabei um ca. 10.000€ (s. Tabelle 5.7). Daher ist das Modell zu empfehlen, wenn der Fokus auf eine Bestandsreduzierung gelegt wird.

Tabelle 5.7: Prognosewerte faktorielles Modell

Legende: * KI = Konfidenzintervall, *2 PI = Prognoseintervall

KPI	Gewichtung	Anpassung	SE Anpassung	95%-KI*	95%-PI*2
Output	1	11,00	1,05	8,85; 13,15	6,71; 15,29
DLZ	1	0,001084	0,000477	0,000112; 0,002056	-0,000859; 0,003028
Lagerwert	10	41.853	5.840	30.040; 53.666	12.123; 71.583

5.3.2 Multiple Zielgrößenoptimierung mit der binären logistischen Regression

Mittels der binären logistischen Regression werden die KPIs Termintreue und Nacharbeit näher analysiert. Dabei gilt folgende Zieleinstellung: Maximierung der Wahrscheinlichkeit, dass die Termintreue eingehalten wird und eine Minimierung der Wahrscheinlichkeit, dass Nacharbeiten am fertigen Produkt notwendig sind.

Termintreue	: Maximieren
Nacharbeit	: Minimieren

Die optimale Faktoreinstellung ist dem in Bild 5.25 dargestellten Optimierungsdiagramm zu entnehmen. Die Faktorkombination SAB*5S*Poka Yoke erreicht eine Erwünschtheit von 0,9164. Dieser hohe Wert bestätigt, dass mittels der vorgenommenen Faktoreinstellungen die geforderte Zielsetzung gut erfüllt wird. Kanban ist in der Idealeinstellung nicht enthalten, da diese Prozessoptimierungsmethode keinen signifikanten Einfluss auf die Nacharbeit und die Termintreue hat.

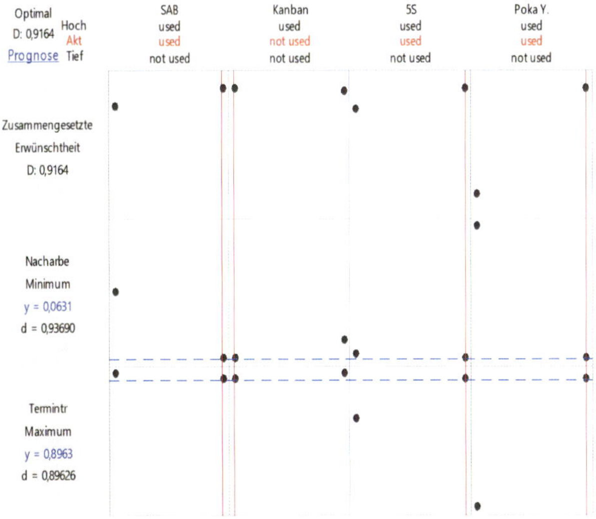

Bild 5.25: Optimierungsdiagramm binär logistische Regression

Die in der ersten Zeile aufgeführte zusammengesetzte Erwünschtheit ergibt sich durch die Ergebnisse der KPIs ‚Nacharbeit' und ‚Termintreue'. Die Ergebnisse je Antwortvariable werden in den darauffolgenden Zeilen separat ausgewiesen.

Die höchste Erwünschtheit ergibt sich für den KPI ‚Nacharbeit'. Diese liegt bei 0,93690 und führt zu einer Wahrscheinlichkeit für anfallende Nacharbeiten von 6,31 %. Die Erwünschtheit der Termintreue erreicht einen Wert von 0,8963. Die Wahrscheinlichkeit zur Einhaltung der vom Kunden geforderten Termintreue liegt bei 89,63 %. Bei beiden KPIs wird ein hoher Wert für die Erwünschtheit erzielt.

Die folgende Tabelle 5.8 stellt die Werte nochmals zusammengefasst dar.

Tabelle 5.8: Prognosewerte binär logistische Regression
Legende: * KI = Konfidenzintervall

KPI	Anpassung	SE Anpassung	95%-KI*
Termintreue	0,8963	0,112	0,449; 0,989
Nacharbeit	0,0631	0,0609	0,0089; 0,3365

Gewichtungsmöglichkeiten

Es wurden alle möglichen Gewichtungseinstellungen im Modell geprüft. Es fällt auf, dass ausschließlich bei einer Gewichtung der Antwortvariable ‚Termintreue' eine Erhöhung der Erwünschtheit erzielt wird, jedoch die optimale Faktoreinstellung konstant bleibt. Bei dem KPI ‚Nacharbeit' tritt keine Veränderung auf.

5.4 Interpretation für die Praxis

Die Basis für die Ergebnisse des durchgeführten Planspiels sind auf den Rahmen und die Anwendungsmöglichkeiten der Modellfabrik der Hochschule Koblenz begrenzt.

Die eingetretenen Effekte können jedoch auch für die Praxis maßgebliche Erkenntnisgewinne liefern.

Die Nutzung der Kanban Methodik führt zu dem verfolgten Ziel, der Reduzierung des Lagerwertes. Im Planspiel sank dieser um ca. 36 %. Der Einsatz des selbststeuernden Materialversorgungsprinzips kann in der Praxis erhebliche Vorteile generieren. Der Mitarbeiter wird nicht mit einem komplexen Bestellprozess von Materialien konfrontiert. Dadurch kann die Arbeitszeit intensiver genutzt, der Output gesteigert sowie die DLZ im Produktionsprozess reduziert werden. Im Planspiel war zu beobachten, dass es durch die zeitgerechte Materialversorgung zu keinen Interruptionen im Arbeitsprozess des Mitarbeiters kam. Gelegentlich sind Wartezeiten aufgrund einer mangelnden Reaktionsgeschwindigkeit der Logistiker aufgetreten. Dies ist jedoch auf eine mangelnde Erfahrung und fehlende Lerneffekte im Planspiel zurückzuführen. Durch ein unübersichtliches Materialversorgungssystem ist dies auch in der Praxis zu erwarten. Eine wichtige Voraussetzung für den Erfolg der Kanban Methodik und somit der Senkung des Lagerwertes ist die Einhaltung der gesetzten Kanban Regeln. Eine vollständige Einhaltung der Regeln im Planspiel war nicht immer gewährleistet. So bestand die Gefahr, dass bspw. das Kanban Signal vorzeitig ausgelöst wurde. Dies stellt ein praxisnahes Problem dar. Kanban Systeme in Unternehmen scheitern häufig, weil ihre Regeln nicht eingehalten werden. Wie im Planspiel zu beobachten, führt die Kanban Methodik nicht nur zu einer Reduzierung des Lagerwertes, sondern zeitgleich trägt sie zur Erleichterung des Arbeitsprozesses der Mitarbeiter bei. Des Weiteren verhindert sie Unterbrechungen im Produktionsprozess. Dies würde in einer realen Montage bedeuten, dass der Mitarbeiter mehr Zeit für die Wertschöpfung hat. Die Kanban Methodik hat sich besonders in Montageprozessen durchgesetzt. Paradebeispiele für ein erfolgreiches Kanban-System und der damit verbundenen Bestandssenkung sind neben Toyota, u.a. auch die Unternehmen Volvo, Mercedes und Porsche.[386]

Als besonders auffällig erweist sich, dass die Poka Yoke Methode einen zeitgleichen Einfluss auf mehrere KPIs hat, welcher zusammenhängend zu betrachten ist.

Poka Yoke setzt auf das Prinzip der Fehlervermeidung. Dabei soll der Arbeitsprozess so gestaltet werden, dass alle Ursachen für die Erzeugung von Fehlern eliminiert werden. Es zeigt sich im Planspiel, dass eine einfache Gestaltung des Arbeitsprozesses zu einer vergleichsweise kürzeren DLZ führt. Dies bedeutet für die Praxis, dass Poka Yoke z.B. in einer Montage mit hohem Durchsatz bzw. niedriger Taktzeit anzuwenden ist. Es war zu beobachten, dass die Hilfestellungen durch Poka Yoke zur Arbeitserleichterung von den Probanden angenommen und als Unterstützung angesehen werden. Für die Praxis lässt sich weiter ableiten, dass detaillierte Arbeitsanweisungen, vorbeugende Maßnahmen und Hinweise zur Fehlervermeidung zur Arbeitserleichterung der Mitarbeiter führen. Dadurch generiert Poka Yoke eine geringere DLZ. Als ein Beispiel aus der Praxis kann hier u.a. die BMW AG genannt werden.[387] Des Weiteren waren im Verlauf der Poka Yoke Planspielrunden deutliche Lerneffekte erkennbar, so dass die DLZ stetig reduziert wurde. Es besteht die Möglichkeit, dass die spielerische Wettbewerbssituation dabei einen psychologischen Effekt auf die einzelnen Mitarbeiter an den Arbeitsstationen hatte. Dieser könnte in der Praxis durch die Schaffung spielerischer Ansätze ebenfalls hervorrufbar sein. Durch eine Verkürzung der DLZ erhöht sich der Output. Poka Yoke konnte im Planspiel eine bessere Arbeitsbeschreibung als das SAB gewährleisten. Dies bedeutet, dass eine alleinige Beschreibung der erforderlichen Arbeitsschritte dem Montagemitarbeiter in einer realen Umgebung keine erfolgreiche Hilfestellung bieten wird. Es besteht die Notwendigkeit von visuellen oder akustischen Signalen. Dies wird z.B. bei der Firma Siemens in der Montage umgesetzt, womit ein stabilerer Arbeitsprozess gewährleitet werden konnte.[388] So war auch im Planspiel zu beobachten, dass die farblichen Markierungen den Probanden Sicherheit garantierten, die in der Praxis auch als sinnvoll zu erachten sind. Des Weiteren wird die Poka Yoke Methode kontinuierlich angewendet. Ein SAB dient als Hilfestellung bei aufkommenden Fragen und Problemen.[389] Es setzt jedoch keinen Hinweis bei einer potenziellen Fehlerquelle. In diesem Fall ist der Mitarbeiter dafür verantwortlich, den Fehler zu erkennen.

Bei Verwendung von Signalen wird der Mitarbeiter auf fehlende oder falsche Arbeitsschritte hingewiesen. Durch die aufkommende Sicherheit erhöht sich die Arbeitsgeschwindigkeit und der Output steigt. Ferner verantwortet Poka Yoke im Planspiel die Gewährleistung der höchsten Termintreue. In der Praxis kann die Methode zu einem standardisierten Montageprozess führen, die eine Einhaltung der Termintreue gewähr-

---

[386] Vgl. Rothacher (2007): S. 91.
[387] Vgl. Gruppendiskussion am 17.03.2016.
[388] Vgl. Gruppendiskussion am 17.03.2016
[389] Vgl. Bertagnolli (2018): S. 141.

leisten sollte. Nur durch standardisierte Vorgehensweisen ist es möglich, die vom Kunden geforderte Termintreue zu erfüllen. Voraussetzung hierfür sind geringere DLZ als die vom Kunden geforderte Termintreue.

Wie bereits näher erläutert, zielt die Poka Yoke Methode auf die Eliminierung potenzieller Fehlerquellen ab. Diese visuellen Hinweise erleichtern dem Mitarbeiter die Durchführung seiner Arbeitsschritte. Dabei führt die Anwendung von Poka Yoke nicht nur zu einer Verkürzung der DLZ, sondern auch zu einer maßgeblichen Reduzierung der Anzahl an Nacharbeiten. Dies bedeutet, dass ein Unternehmen, basierend auf den Ergebnissen des Planspiels, durch die alleinige Verwendung von Poka Yoke die Anzahl an Nacharbeiten sowie die DLZ reduzieren und folglich den Output und somit den Umsatz steigern könnte. Durch die Anwendung von Poka Yoke wird der Output erhöht, wodurch sich in einer Serienmontage der Lagerwert an den einzelnen Stationen reduzieren lässt. Dadurch sammeln sich weniger Materialbestände an den einzelnen Arbeitsstationen an. Dies kann auch in der Praxis in zahlreichen Beratungsprojekten bestätigt werden. So hat z.B. ein Serienhersteller von Küchengeräten durch die Nutzung von Poka Yoke Maßnahmen sowie Kanban in der Montage die Materialstände im System um 27% reduziert und den Output folglich um 20% gesteigert.[390] Eine geringere Anzahl an Nacharbeiten würde zu weiteren Kosteneinsparungen im Unternehmen führen. Außerdem verringert sich die Gefahr von unerkannten Fehlern am Produkt, welche letztendlich auch den Kunden erreichen könnten. Voraussetzung ist hierfür eine Gestaltung des Arbeitsprozesses mittels Poka Yoke und 5S, wodurch auch unerfahrene Mitarbeiter ihre Tätigkeiten fehlerfrei ausführen können. Durch die Vermeidung von Fehlern könnte bei Montagemitarbeitern außerdem eine höhere Arbeitszufriedenheit gewähreistet werden. Der Effekt einer gesteigerten Zufriedenheit und Motivation der Probanden durch eine geringere Fehleranfälligkeit war im Planspiel erkennbar. Es ist zu erwarten, dass in der Praxis ähnliche Effekte auftreten können.

---

390 Vgl. Expertengespräch am 24.09.2018 mit Prof. Dr. Lux, Fa. busycon

5.5 Kritische Reflexion und Grenzen des Planspiels

Dieses Unterkapitel dient der Beantwortung der Lösungshypothese und weiterhin einer kritischen Reflexion der Erkenntnisse sowie der Planspielmethodik.

Die Lösungshypothese lautete:

> ***„Durch ein entwickeltes Modell in Form eines Planspiels lässt sich die Wirksamkeit auserwählter Prozessoptimierungsmethoden nachweisen."***

Die Analyse der generierten Daten lässt zu, dass die Effektivität der eingesetzten Prozessoptimierungsmethoden anhand der Veränderung erhobener KPIs gemessen werden kann und diese Ergebnisse Gültigkeit innerhalb des Modells erlangen (unter Berücksichtigung eines KI von 0,95 (95 %)). Das Ziel der Bestimmung von Effekten einzelner Prozessoptimierungsmethoden sowie deren Kombinationen konnte mittels der DoE statistisch abgesichert werden.

Das Modell (Planspiel) des Produktionssystems ermöglichte es, die Komplexität und Kompliziertheit realer Systeme zu reduzieren. Die Abbildung einer Montage – bestehend aus verschiedenen Schritten – zur Fertigung eines Produkts in Serie war hinreichend möglich. Auch die Berechnung des Stichprobenumfangs in Verbindung mit einem vollfaktoriellen Versuchsplan innerhalb der Modellfabrik Koblenz war entsprechend möglich.

Zu beachten ist jedoch, dass Experimente nicht vollständig gegen Störgrößen geschützt werden können. Störgrößen können Mängel an planspieltechnischen Einrichtungen (bspw. abgelöste Klebepunkte für die Anwendung der Poka Yoke Methode), Hilfestellungen durch die Zeitnehmer oder auch Ablenkungen durch vor-/nachgelagerte Prozessschritte sein. Dies hat zur Folge, dass Ergebnisse nie exakt identisch reproduziert werden können. Zu berücksichtigen ist ebenfalls eine unterschiedliche Vorgehensweise der Probanden beim Bau eines LKWs. Fehler entstehen u.a. durch unterschiedliche Qualifikationen, Fähigkeiten und das Alter der Probanden.[391] Somit kann der Faktor ‚Mensch' als Störgröße festgestellt werden. Die eingesetzten Studierenden bilden dabei keinen Querschnitt aus der Gesellschaft bzw. aus der realen (Produktions-) Unternehmenswelt ab. Während der Durchführung der Planspiele konnten Motivations- und Seriositätsunterschiede bei den Studierenden festgestellt werden. Ein geringer Teil der Studierenden ließ der Methodik zu Beginn nur wenig Ernsthaftigkeit zukommen. Nach jeder Planspielrunde sind die Ergebnisse und die eingesetzten Prozessoptimierungsmethoden resümiert wurden. Durch die Kombination aus Planspiel und den erweiterten Erklärungen nach den Runden entstand das Verständnis bei den Studierenden für die jeweilige Methodik.

Die Prognoseergebnisse des KPI ‚Nacharbeit' zeigen, dass für die Prozessoptimierungsmethode Kanban Nacharbeiten mit einer Wahrscheinlichkeit von 97 % entstehen

---

[391] Vgl. Box, Hunter, Hunter (2005): S. 17

(letzter Platz). Dieses Ergebnis wirft die kritische Frage auf, warum die Kanban-Methode die Nacharbeit negativ beeinflusst. Wie bereits erläutert, stellt Kanban eine selbststeuernde, bedarfsorientierte Materialversorgung der Produktion/Montage sicher. Eine Visualisierung der benötigten Bauteile, deren Stückzahl und Lieferort, wird mittels Kanban-Karten erfüllt. Als Schwachstelle ist die fehlende Abbildung/Anleitung von Montageschritten zu nennen, jedoch ist im direkten Vergleich mit der Referenzrunde einzuwenden, dass eine exakte Materialversorgung sichergestellt werden kann. Bei Betrachtung der weiteren KPIs zeigt jeweils die Referenzrunde das schlechteste Prognoseergebnis auf. Daraus ergibt sich, dass der Einsatz von Prozessoptimierungsmethoden zu einer Verbesserung der weiteren vier KPIs führt. Das zugehörige Pareto-Diagramm gibt für Kanban einen Effektwert von 0,816 an und somit keine statistische Signifikanz (Referenzlinie > 2,037). Einschränkend lässt sich sagen, dass der Faktor Mensch zu berücksichtigen ist. Es wäre wichtig zu wissen, wie die eingesetzten Logistiker ihrer Aufgabe nachgekommen und an welchen Produktionsplätzen die Nacharbeiten entstanden sind. Diese Daten liegen jedoch nicht zur weiteren Auswertung vor.

Zur Erarbeitung des Planspiels bedarf es zwar eines gewissen Aufwands, um eine geeignete Struktur des Produktionssystems abzubilden, jedoch entsteht dieser auch bei der Erstellung von Softwaresimulationen (vgl. PETER 2009).[392] Das Auftreten der Einflussgröße Mensch zeigt einen wesentlichen Vorteil der Planspiel-Methode auf. Der Proband kann das Bauteil, die Materialien und Werkzeuge fühlen und direkt erleben. Auch wird er unmittelbar mit den Prozessoptimierungsmethoden konfrontiert und kann diese im experimentellen Umfeld anwenden. Besonders der Montagemitarbeiter generiert dabei einen essenziellen Anteil an der Wertschöpfung.[393] Dies ist in der Softwaresimulation nicht möglich. Dort findet die Berücksichtigung menschlicher Arbeit mittels Parametern statt, nicht jedoch mit den Eigenschaften eines Individuums.

[392] Vgl. Peter (2009)

[393] Vgl. Weiss-Oberdorfer (2009): S. 246 und vgl. Edtmayr (2017)

6. Zusammenfassung und Ausblick

In Abschnitt 6.1 werden die wesentlichen Ergebnisse der Arbeit zusammengefasst. Abschnitt 6.2 zeigt den Ausblick zu weiterem Forschungsbedarf auf.

6.1 Zusammenfassung

Die empirisch ermittelten Erkenntnisse des Planspiels werden in diesem Kapitel resümiert.

Die Lösungshypothese lautete:

> ***„Durch ein entwickeltes Modell in Form eines Planspiels lässt sich die Wirksamkeit auserwählter Prozessoptimierungsmethoden nachweisen."***

Die angewendete Forschungsstrategie nach ULRICH (1981) sieht eine Beratung und Implementierung in der Praxis vor. Innerhalb dieses Schritts wird auch der letzte Schritt nach MONTGOMERY (2009b) abgehandelt.

Die vorliegende Arbeit hat das Ziel, quantitative Erkenntnisse über die Effektivität und Auswahl von Prozessoptimierungsmethoden innerhalb der Serienmontage zu erklären. Auf Basis der in Kapitel 3 erstellten Detaillierung des Untersuchungsbereichs wurde in Kapitel 4 ein Modell entwickelt. Dieses Modell repräsentiert ein Planspiel, das ein experimentelles Umfeld eines Produktionssystems darstellt. Innerhalb dieses Produktionssystems wurde ein Spielzeug LKW per Serienmontage in Fließfertigung montiert. Dazu wurden die erhobenen Prozessoptimierungsmethoden SAB, Kanban, 5S und Poka Yoke gemäß einem vollfaktoriellen Versuchsplan in 48 Versuchsläufen variiert. Die Variation der Faktorstufen führte zur Ermittlung verschiedener Einflüsse auf die betrachteten Zielgrößen Lagerwert, DLZ, Nacharbeit, Output und Termintreue. Die daraus resultierenden Daten wurden anschließend in Kapitel 5 ausgewertet und analysiert.

Durch die Analyse der generierten Daten kann die Effektivität der eingesetzten Prozessoptimierungsmethoden anhand der Veränderung erhobener KPIs gemessen werden. Die Ergebnisse erlangen innerhalb des Modells Gültigkeit (unter Berücksichtigung eines KI von 0,95 (95 %)). Das Ziel der Bestimmung von Effekten einzelner Prozessoptimierungsmethoden sowie deren Kombinationen konnte mittels der DoE statistisch abgesichert werden.

Die Analyse liefert folgende Ergebnisse: Die Daten zum KPI ‚Lagerwert' zeigen, dass die Kanban-Methodik einen starken Einfluss auf die Höhe des Lagerwerts hat. Dies kann sowohl am ermittelten statistisch signifikanten Effektwert als auch am Haupteffekt belegt werden. Der Einsatz von Kanban in Verbindung mit 5S führt zu keiner Verbesserung des KPI. Gemäß der Zielgrößenoptimierung befindet sich Kanban in Kombination mit Poka Yoke auf Platz 1. Das schlechteste Ergebnis liefert die Referenzrunde, in der keine Prozessoptimierungsmethode eingesetzt wurde.

Im Anschluss ist die Antwortvariable ‚Durchlaufzeit' ausgewertet worden. Die Ergebnisse zeigen, dass die Prozessoptimierungsmethode Poka Yoke den stärksten signifikanten Effekt auf die DLZ hat. Weiterhin ist zu erkennen, dass die Wechselwirkung zwischen 5S und Poka Yoke zu keiner Verbesserung der Ergebnisse führt. Innerhalb der Zielgrößenoptimierung ist Poka Yoke in den Top 3 Ergebnissen enthalten. Ähnlich zum KPI ‚Lagerwert' erzielt die Referenzrunde das schlechteste Ergebnis (Platz 16).

Der Faktor Poka Yoke zeigt ebenfalls statistisch signifikante Resultate zur Auswertung der Antwortvariable ‚Nacharbeit'. Signifikante Wechselwirkungen liegen derweil nicht vor; jedoch ist Poka Yoke in den Top 3 enthalten. Den letzten Platz erreicht die Prozessoptimierungsmethode Kanban.

Bei der Betrachtung der Leistungskennzahl ‚Output' konnte das Resultat ermittelt werden, dass auch dieser KPI maßgeblich von Poka Yoke beeinflusst wird. Die Interaktion zwischen SAB und 5S liefert keine weitere Verbesserung. Auch bei der Darstellung der Zielgrößenoptimierung ist der Faktor Poka Yoke in den Top 3 Ergebnissen enthalten.

Aus dem Analyseergebnis der binären logistischen Regression lässt sich schließen, dass die Prozessoptimierungsmethode Poka Yoke den größten Einfluss auf die Antwortvariable ‚Termintreue' und ‚Nacharbeit' besitzt. Sie ist ebenfalls in den drei besten Ergebnissen der Zielgrößenoptimierung enthalten. Die Referenzrunde belegt erneut den letzten Platz.

Aus diesen Ergebnissen ist abzuleiten, dass sich die ausgewählten Zielgrößen durch den Einsatz der getesteten Prozessoptimierungsmethode signifikant verbessern lassen. In Anbetracht der Forschungsresultate kann zusammenfassend konstatiert werden, dass die Prozessoptimierungsmethode Poka Yoke auf alle KPIs einen positiven Effekt ausübt. Mit Hilfe des alleinigen Einsatzes von Poka Yoke verkürzt sich die DLZ und die Fehler werden reduziert. Die Fehlerreduzierung kann auch in der Praxis zu einer Verbesserung des KPI Nacharbeit führen. Folglich erhöht sich daraus auch der Output im Montageprozess. Bedingt durch eine kurze DLZ kann die vom Kunden geforderte Termintreue erreicht werden. Lediglich für den KPI Lagerwert stellt Poka Yoke nicht das Optimum dar. Es erscheint als sinnvoll, bei der Suche nach relevanten Prozessoptimierungsmethoden, zu mindestens die Poka Yoke Methode zu nutzen. Erfahrungsgemäß zeigt sich allerdings in der Praxis, dass es für alle KPIs in Unternehmen einer gleichzeitigen Optimierung bedarf. Aufgrund dieser Arbeit ist durch die multiplen Modelle (s. Kapitel 5.3) für die Praxis festzuhalten, dass es empfehlenswert ist, alle vier Prozessoptimierungsmethoden in der Serienmontage einzuführen, da damit das optimale Ergebnis aus allen vier KPIs erreicht werden kann.

Nach dem derzeitigen Erkenntnisstand bildet dieses Vorgehen einen neuartigen Ansatz ab und zeigt, dass die Effektivität von Prozessoptimierungsmethoden durch die Verwendung von Planspielen ein Produktionssystem dabei unterstützt, sich wettbewerbsfähiger ausrichten zu können. Verbesserungspotenziale können schnell und aufwandsarm – im Vergleich zur Umstellung einer Produktion – ermittelt und geeignete Methoden ausgewählt werden. Besonders die Vielfalt an Variationsmöglichkeiten von Planspielen sowie der experimentelle Charakter bilden weitere Stärken ab. Auch entsteht eine Vergleichbarkeit der verschiedenen Runden oder Prozessoptimierungsmethoden. Daraus kann geschlossen werden, dass Planspiele eine sinnvolle Ergänzung zur Prozessoptimierung darstellen.

Abschließend werden die Ergebnisse der erhobenen Daten denen der VDI 2870-1 (2012) gegenübergestellt. Innerhalb der VDI werden die Methoden hinsichtlich der Einflussnahme auf die Zieldimensionen Q, K und Z bewertet (s. Tabelle 6.1). An dieser Stelle ist festzuhalten, dass das Standardarbeitsblatt nicht in der VDI betrachtet wird und daher keine Gegenüberstellung möglich ist. Ein Punkt (•) weist auf einen schwachen, zwei Punkte (••) auf einen mittleren und drei Punkte (•••) auf einen starken Einfluss hin. Zur Verfügung steht die Bewertung der Methoden Poka Yoke, Kanban und 5S. In der nachfolgenden Tabelle 18 wurden die KPIs dargestellt und jeweils der statistisch signifikanteste Haupteffekt eingetragen. Die Analyse der Daten zur Zieldimension ‚Qualität' liefert das Ergebnis, dass Poka Yoke den größten statistischen Einfluss auf den KPI ‚Nacharbeit' aufzeigt. Dieses Ergebnis kann mit der •••-Punkte-Bewertung der VDI 2870-1 (2012) als übereinstimmend bezeichnet werden. Hinsichtlich des Lagerwerts konnte festgestellt werden, dass die Prozessoptimierungsmethode Kanban den größten statistisch signifikanten Effekt auf diesen KPI bewirkt. Dies spiegelt sich ebenfalls in der Bewertung nach VDI 2870-1 (2012) wider. Bei Betrachtung der zeitlich eingeordneten KPIs ‚Durchlaufzeit' und ‚Termintreue' verweisen die Ergebnisse auf den Faktor Poka Yoke und erhalten eine ••-Bewertung nach VDI 2870-1 (2012). Dies weist auf ein abweichendes Ergebnis hin. Kanban bildet gemäß VDI 2870-1 (2012) einen stärkeren Einfluss auf die Zieldimension ‚Zeit' ab. Erklärbar ist jedoch, dass in den Spielrunden mit Poka Yoke und der daraus resultierenden geringen Anzahl der Nacharbeiten die Größe ‚Zeit' positiv beeinflusst worden ist. Bei Betrachtung des KPI ‚Output' kann das gleiche festgestellt werden.

Tabelle 6.1: Gegenüberstellung Analyseergebnisse mit VDI 2870-1 (2012)

Dimensionen	**Qualität**	**Kosten**	**Zeit**		**Produktivität**	**VDI 2870**		
	Nacharbeit	**Lagerwert**	**DLZ**	**Termintreue**	**Output**			
	Signifikantester Haupteffekt	Signifikantester Haupteffekt	Signifikantester Haupteffekt	Signifikantester Haupteffekt	Signifikantester Haupteffekt	**Q**	**K**	**Z**
Poka Yoke	X		X	X	X	•••	••	••
Kanban		X				•	•••	•••
5S						••	•	••

Für ein Produktionsunternehmen kann die Gestaltung eines wertschöpfungsorientierten Produktionssystems und dessen Prozesse unter Verwendung von Prozessoptimierungsmethoden als richtungsweisend angesehen werden.

6.2 Ausblick

Der Geltungsbereich der Ergebnisse des Forschungsvorhabens liegt im experimentellen Umfeld des Planspiels. Die Analyse basiert dabei auf Stichprobendaten und bildet nicht die Grundgesamtheit der realen Produktionsunternehmen ab. Daher ist der Schluss auf die Allgemeingültigkeit der Effekte nicht oder nur begrenzt möglich. Ein gewisser Unsicherheitsfaktor bleibt über diese Ergebnisse hinaus bestehen.

Das vorgestellte Ergebnis zum KPI ‚Nacharbeit' (wie in Kapitel 5.2.2 im Detail beschrieben) wirft weiterführende Fragen auf. Es ist von großem Interesse festzustellen, ob dieses Resultat bei einer Replikation des Planspiels erneut erzielt wird. Die erneute Durchführung des Planspiels generiert dabei nicht nur neue Daten zum KPI ‚Nacharbeit', sondern auch gleichzeitig – ohne Mehraufwand – für die anderen Antwortvariablen. Dazu kann die bestehende Infrastruktur des Planspiels unverändert eingesetzt werden. Interessant wäre auch eine Durchführung mit Montagemitarbeitern realer Produktionsprozesse, um einen Vergleich zwischen den Ergebnissen von Studierenden und Montagemitarbeitern zu erhalten. Auch könnte das gefertigte Produkt (LKW) durch ein anderes Produkt – ggf. mit einem höheren oder niedrigeren Schwierigkeitsgrad – ersetzt werden und eine Überprüfung dieses Sachverhaltes durchgeführt werden. Auch andere Fertigungstypen könnten durch ein Planspiel nachgestellt werden. Von Interesse ist außerdem die Wirkung der Prozessoptimierungsmethoden in einer anderen Planspielumgebung.

Weiterhin bieten sich zur Absicherung der Ergebnisse Expertengespräche an. Innerhalb dieser könnten die Erkenntnisse erörtert und mit dem Expertenwissen auf Übereinstimmung überprüft werden. Ein weiterer Impuls für die Praxis kann eine Auswertung von Datensätzen eines realen Montageprozesses sein, ohne in diesen einzugreifen. Im Falle einer Bestätigung der ermittelten Erkenntnisse durch die eingesetzten Experten und durch die Auswertung von realen Prozessdaten, könnte eine schrittweise Implementierung auf Shopfloor-Ebene eines Serienmontageprozesses vorgenommen werden. Es bietet sich an, diese z.B. zunächst in einer Schicht oder einem Montageschritt anzuwenden. Zudem ist eine Erweiterung des Planspiels um Methoden, die nur zwei Kriterien der eingehenden Voruntersuchungen erfüllen, möglich. Beispielsweise lässt sich die SMED (Single Minute Exchange of Die) Methode zur Optimierung von Rüstvorgängen in ein weiteres Planspiel einbinden. Diese könnten auch simuliert werden.

Ein weiterer Ansatz für zukünftige Forschungen stellt die Gegenüberstellung des Aufwandes für die Einführung der analysierten Prozessoptimierungsmethoden dar. So könnte im Rahmen einer Gruppendiskussion mit Fachexperten der Implementierungsaufwand für die einzelnen Methoden mittels der Erfahrung aus der Praxis bewertet werden. Die Experteneinschätzung kann Unternehmen bei der Entscheidungsfindung bezüglich der passenden Prozessoptimierungsmethode unterstützen.

Literaturverzeichnis

Additive Soft- und Hardware für Technik und Wissenschaft GmbH (2011): Faktorielle Versuchspläne mit Minitab. Minitab Certified Training.

Additive Soft- und Hardware für Technik und Wissenschaft GmbH (2017): Erste Schritte mit Minitab 18: http://software.additive-net.de/de/component/jdownloads/finish/236/987, Abruf am 17. 08. 2017.

Alby, Tom / Braun, David / Pfleger, Sabine (o. J.): Projektmanagement: Definitionen, Einführungen und Vorlagen. Projektmanagement verständlich erläutert: http://projektmanagement-definitionen.de/glossar/, Abruf am 04.08.2017.

Alewell, K. / Bleicher, K. / Hahn, D. (1972): Anwendung des Systemkonzepts auf betriebswirtschaftliche Probleme. In: Bleicher, K. (Hrsg.): Organisation als System, Wiesbaden: Gabler.

Allweyer, Thomas (2005): Geschäftsprozessmanagement. Strategie, Entwurf, Implementierung, Controlling, 5. Aufl., Herdecke [u. a.]: W3L-Verlag.

Amann, Klaus / Petzold, Jürgen (2014): Management und Controlling – Instrumente – Organisation – Ziele, 2. Aufl., Wiesbaden: Springer Fachmedien.

Asbach, Manuel/Kamp, Felix (2014): Orientierung der Unternehmenssteuerung an Lean-Management-Grundsätzen. In: Keuper, Frank/Sauter, Ralf (Hrsg.): Unternehmenssteuerung in der produzierenden Industrie. Konzepte und Best Practices. S. 287-300. Wiesbaden: Springer Verlag.

Assarlind, Marcus / Grmyr, Ida / Bäckman, Kristoffer (2013): Multi-faceted views on a Lean Six Sigma application. In: International Journal of Quality & Reliability Management, Vol. 30 (4): 387-402.

Atteslander, Peter (2010): Methoden der empirischen Sozialforschung, 13. neu bearbeitete und erweiterte Auflage, Berlin: Erich Schmidt Verlag.

Backhaus, Klaus; Erichson, Bernd; Plinke, Wulff; Weiber, Rolf (2011): Multivariate Analyse-methoden. Eine anwendungsorientierte Einführung, Berlin: Springer Verlag.

Backlund, Per / Johannesson, Mikael / Susi, Tarja (2007): Serious Games – An Overview. In: Technical Report HS-IKI-TR-07-001: 1-28.

Ballé, Michael / Handlinger, Peter (2012): Learning Lean: Don't Implement Lean, Become Lean. In: Reflections, 12(1): 17-18.

Bär, Reinhard / Purtschert, Philippe (2014): Lean-Reporting – Optimierung der Effizienz im Berichtswesen, Wiesbaden: Springer Fachmedien.

Bauer, Steffen (2016): Produktionssysteme wettbewerbsfähig gestalten – Methoden und Werkzeuge für KMU's – KAIZEN, SWOT-Analyse, Pareto-Analyse, 5W-Analyse, Wertstrom-analyse, Mind-Mapping, Poka Yoke, 5S, TPM, SMED, KANBAN, Benchmarking, TPS-Prinzipien, München: Hanser Verlag.

Bauernhansl, Thomas (2014): Komplexe Märkte erfordern komplexe Fabrik- und Managementstrukturen. In: interaktiv – Das Kundenmagazin des Fraunhofer IPA, 1.2014: S. 37.

Baumgärtner, G. (2006): Reifengradbasierte Gestaltung von Produktionssystemen. Theoretische und empirische Analyse eines Gestaltungsmodells, München: TCW Transfer-Centrum GmbH.

Becker, Jörg / Kahn, Dieter (2012): Der Prozess im Fokus. In: Becker, Jörg / Kugeler, Martin / Rosemann, Michael (Hrsg.): Prozessmanagement. Ein Leitfaden zur prozessorientierten Organisationsgestaltung, 7. Aufl., Berlin [u. a.]: Springer Verlag.

Becker, Torsten (2008): Prozesse in Produktion und Supply Chain optimieren, 2. Aufl., Berlin [u. a.]: Springer Verlag.

Bei, Xiaohui / Chen, Ning / Zhang, Shengyu (2013): On the Complexity of Trial and Error, California, USA: In: Proceedings of the 45th annual ACM Symposium on Theory of computing.

Bellmann, Vivian Katharina / Meyer, Gerrit (2015): Effiziente Auswahl von Methoden, Steigerung der Wettbewerbsfähigkeit durch eine zielgerichtete Methodenauswahl. In: ZWF Zeitschrift für wissenschaftlichen Fabrikbetrieb, 110 (6): 344-347.

Benesch, Thomas (2013): Schlüsselkompetenz zur Statistik – die wichtigsten Methoden, Verteilungen, Tests anschaulich erklärt, Berlin: Springer Verlag.

Berger-Grabner, Doris (2016): Wissenschaftliches Arbeiten in den Wirtschafts- und Sozialwissenschaften. Hilfreiche Tipps und praktische Beispiele, 3. Aufl., Wiesbaden: Springer Fach-medien.

Bertagnolli, Frank (2018): Lean Management. Einführung und Vertiefung in die japanische Management-Philosophie, Wiesbaden: Springer Fachmedien Wiesbaden GmbH.

Berthouex, Paul Mac / Linfield, C. Brown (2002): Statistics for Environmental Engineers, Florida, USA: CRC Press LLC.

Berufsverband deutscher Markt- und Sozialforscher (2011): Gruppendiskussionen, noch unveröffentlichtes Positionspapier der AG Gruppendiskussion des Arbeitskreises Qualitative Markt- und Sozialforschung (AkQua), Berlin: BVM. In: Kühn, Thomas / Koschel, Kay-Volker (2011): Gruppendiskussionen – Ein Praxis-Handbuch, Wiesbaden: Springer Fachmedien.

Black, John R. / Miller, David (2008): Toyota Way to Healthcare Excellence: Increase Efficiency and Improve Quality with Lean, Chicago: Health Administration Press.

Bloech, Jürgen / Bogaschewsky, Ronald / Buscher Udo / Daub, Anke / Götze, Uwe / Roland, Folker (2014): Einführung in die Produktion, 7. Aufl., Berlin [u. a.]: Springer-Verlag.

Blötz, Ulrich (2015): Planspiele und Serious Games in der beruflichen Bildung, Auswahl, Konzepte, Lernarrangements, Erfahrungen. Aktueller Katalog für Planspiele und Serious Games 2015, 5. Aufl., Bielefeld: W. Bertelsmann Verlag.

Box, George E. P. / Hunter, J. Stuart / Hunter, William G. (2005): Statistics for experimenters. Design, Innovation, and Discovery, 2nd Edition, Hoboken: John Wiley & Sons.

Brankamp, K. (1977): Leitfaden zur Einführung einer Fertigungssteuerung. Methoden, Hilfsmittel, Fallstudien, Essen: Girardet-Taschenbücher.

Brockhaus 2002-2007 in 15 Bänden. Permanent aktualisierte Online Aufl. Mannheim: Bibliographisches Institut & F. A. Brockhaus AG 2002-2007.

Brunner, Franz J. (2017): Japanische Erfolgskonzepte, KAIZEN, KVP, Lean Production Management, Total Productive Maintenance, Shopfloor Management, Toyota Production System, GD3-Lean Development, 4. Aufl., München: Hanser.

Brussee, Warren (2004): Statistics for Six Sigma Made Easy, Chapter 2. Dmaic: The Basic Six Sigma Roadmap, Madison: McGraw Hill Professional.

Bühl, Achim (2008): SPSS 16. Einführung in die moderne Datenanalyse. 11., überarbeitete und erweiterte Auflage, München: Pearson Education Deutschland GmbH.

Bungarzt, Hans-Joachim / Zimmer, Stefan / Buchholz, Martin / Pflüger, Dirk (2013): Modellbildung und Simulation. Eine anwendungsorientierte Einführung, 2. Aufl., Berlin [u. a.]: Springer Verlag.

Cano, Emilio L. / Moguerza, Javier M. / Redchuck, Andrés (2012): Six Sigma with R. Statistical Engineering for Process Improvement, New York: Springer Science +Business Media

Chauhan, Gulshan/Singh, T. P. (2013): Resource flexibility for lean manufacturing. SAP-LAP analysis of a case study. In: International Journal of Lean Six Sigma, 4. Jg., Nr. 4, S. 370–388.

Chin, Wynne (1998): The Partial Least Squares Approach for Structural Equation Modeling." In GA Marcoulides (ed.), Modern Methods for Business Research, London: Lawrence Erlbaum Associates.

Christ, Johannes P. (2015): Intelligentes Prozessmanagement. Marktanteile ausbauen, Qualität steigern, Kosten reduzieren, Wiesbaden: Springer Verlag.

Christensen, Ronald (1996): Analysis of Variance, Design, and Regression. Applied Statistical Methods, London: Chapman & Hall.

Clement, Ute / Lacher, Michael (2016): Produktionssysteme und Kompetenzerwerb - Zu den Veränderungen moderner Arbeitsorganisation und ihren Auswirkungen auf die berufliche Bildung. Stuttgart: Franz Steiner Verlag.

Conrad, Ralph W. (2016): Wertstrommanagement. In: Institut für angewandte Arbeitswissenschaft e. V. (ifaa) (Hrsg.): 5S als Basis des kontinuierlichen Verbesserungsprozesses, Berlin [u. a.]: Springer Verlag.

Conrad, Ralph W. / Ausilio, Giuseppe (2016): Wertstrommanagement. In: Institut für angewandte Arbeitswissenschaft e. V. (ifaa) (Hrsg.): 5S als Basis des kontinuierlichen Verbesserungsprozesses, Berlin [u. a.]: Springer Verlag.

Cox, D. R. / Snell, E. J. (1989): Analysis of Binary Data, 2nd Edition, Boca Raton: Chapman & Hall / CRC.

Crookall, David (2010): Serious Games, Debriefing, and Simulation/Gaming as a Discipline. In: Simulation & Gaming, 41(6): 898–920, SAGE Publications.

Cudney, Elizabeth / Elrod, Cassandra (2011): A comparative analysis of integrating lean concepts into supply chain management in manufacturing and service industries. In: International Journal of Lean Six Sigma, Vol. 2 (1): 5-22.

Davenport, Thomas/Short, James (1990): The New industrial engineering: Information technology and business process redesign. In: Sloan Management Review, Nr. 31, S. 11–27.

Davim, J. Paulo (2015): Research Advances in Industrial Engineering, Heidelberg: Springer Verlag.

Dean, Angela / Voss, Daniel (2000): Design and Analysis of Experiments, New York: Springer Verlag.

Deimel, Klaus / Heupel, Thomas / Wiltinger, Kai (2013): Controlling, München: Verlag Franz Vahlen GmbH.

Denner, Timo (2016): Prozessplanung und Montagesystemgestaltung: http://www.ipa.fraunhofer.de/prozessplanung_montagegestaltung.html, Abruf am 25.11.2016.

Detty, R. B. / Yingling, J. C. (2000): Quantifying benefits of conversion to lean manufacturing with discrete event simulation: a case study. In: International Journal of Production Research, Vol. 38 (2): 429-445.

Deuse, Jochen / Petzelt, Dominik / Sackermann, Reiner (2006): Modellbildung im Industrial Engineering. In: ZWF, Jahrgang 101 (2006), S. 66–69.

Dilworth, James B. (1996): Operations Management, 2nd Edition, New York: The McGraw-Hill Companies, Inc.

DIN EN ISO 9000:2005-12 (D) (2005): Qualitätsmanagementsysteme - Grundlagen und Begriffe.

Dombrowski, U. / Crespo, I. (2008): A Management Approach to Lean Production System Implementation in Small and Medium-sized Enterprises – Results of a Research Project, in: R. del Olmo Martínez, J.M. Galán Ordax, J.J. Laviós Villahoz (Eds.), Approaches and Trends on current Organization Engineering. II International Conference on Industrial Engineering and Industrial Management, September 3-5, Burgos, 995-1005.

Dombrowski, Uwe / Herrmann, Christoph / Lacker, Thomas / Sonnentag, Sabine (Hrsg.) (2009): Modernisierung kleiner und mittlerer Unternehmen. Ein ganzheitliches Konzept, Berlin [u. a.]: Springer Verlag.

Dombrowski, Uwe / Riechel, Christoph / Evers, Maren (2014): Industrie 4.0 – Die Rolle des Menschen in der vierten industriellen Revolution, Berlin: GITO-Verlag.

Dombrowski, Uwe (Hrsg.) (2015): Lean Development. Aktueller Stand und zukünftige Entwicklungen, Berlin [u. a.]: Springer Verlag.

Dombrowski, Uwe / Mielke, Tim (2015): Ganzheitliche Produktionssysteme. Aktueller Stand und zukünftige Entwicklungen, Berlin [u. a.]: Springer Verlag.

Domschke, W. / Scholl, A. (2008): Grundlagen der Betriebswirtschaftslehre. Eine Einführung aus entscheidungsorientierter Sicht, 3. Aufl., Berlin [u. a.]: Springer Verlag.

Dreher, Carsten / Fleig, Jürgen / Harnischfeger, Monika / Klimmer, Matthias (1995): Neue Produktionskonzepte in der deutschen Industrie. Bestandsaufnahme, Analyse und wirtschaftspolitische Implikationen, Heidelberg: Physica Verlag.

Drozdenko, Ronald G. / Drake, Perry D. (2002): Optimal Database Marketing. Strategy, Development and Data Mining, Thousand Oaks [u. a.]: Sage Publication Inc.

Duke, R. (1996): Professional Program in Simulation and Gaming Studies. College of Architecture and Urban Planning, University of Michigan: Ann Arbor.

Dyckhoff, Harald (1992): Betriebliche Produktion. Theoretische Grundlagen einer umweltorientierten Produktionswirtschaft, 1. Aufl., Heidelberg/ Berlin: Springer Verlag.

Dyckhoff, Harald (2006): Produktionstheorie. Grundzüge industrieller Produktionswirtschaft, 5. Aufl., Berlin: Springer Verlag.

Ebert, G. (1989): Planspiel Wettbewerb: Spielleiterbuch, Köln: J. P. Bachem Verlag.

Eckey, Hans-Friedrich / Kosfeld, Reinhold / Rengers, Martina (2002): Multivariate Statistik. Grundlagen – Methoden – Beispiele, Wiesbaden: Gabler Verlag.

Edtmayr, Thomas (2017): Montagesysteme planen: https://www.fraunhofer.at/de/leistungen-fuer-unternehmen/produktions--und-logistikmanagement/effizienz-steigern-in-produktion---logistik/montagesysteme-planen.html, abgerufen am: 18.12.2017.

Engelhorn, Robert / Springer, Roland (2005): Stabile Prozesse durch flexible Standardisierung. Einführung eines Produktionssystems bei einem Nutzfahrzeugehersteller. In: VDI-Z 147, Nr. 1/2 Januar / Februar, Springer-VDI-Verlag.

Erlach, Klaus (2010): Wertstromdesign. Der Weg zur schlanken Fabrik, 2. Aufl., Wiesbaden: Springer Verlag.

Eschweiler, Maurice (2007): Externe Referenzpreise: Eine empirisch gestützte verhaltenswissenschaftliche Analyse. Wiesbaden: Gabler-Verlag.

Eversheim, Walter (1996): Organisation in der Produktionstechnik. Band 1 Grundlagen, 3. Aufl., Düsseldorf: VDI Verlag.

Fiedler, R. / Gräf, J. (2012): Einführung in das Controlling. Methoden, Instrumente und DV-Unterstützung, 3. Aufl., München: Oldenbourg Wissenschaftsverlag GmbH

Forstner, L. / Dümmler, M. (2014): Integrierte Wertschöpfungsnetzwerke. Chancen und Potenziale durch Industrie 4.0, Elektrotechnik & Informationstechnik, Vol. 131/7: 199-201, Wien: Springer Verlag.

Frankhauser, Kathrin (1996): Management von Organisationskulturen, Berlin [u. a.]: Paul Haupt.

Frehr, Hans-Ulrich (1994): Total Quality Management: Unternehmensweite Qualitätsverbesserung – Ein Praxis Leitfaden für Führungskräfte, 2. Aufl., München: Hanser Fachbuch.

Friedli, Thomas / Seghezzi, Hans Dieter / Mänder, Christian / Lützner, Richard (2014): Konzepte – Modelle – Systeme. In: Pfeifer, Tilo / Schmitt, Robert (Hrsg.): Masing Handbuch Qualitätsmanagement, 6. Aufl., München: Hanser Verlag.

Fujimoto, Takahiro (1999): The Evolution of a Manufacturing System at Toyota, New York: Oxford University Press.

Furtner, Marco / Baldegger, Urs (2013): Self - Leadership und Führung. Theorie Modelle und praktische Umsetzung, Wiesbaden: Springer Fachmedien.

Gabler (2013): Gabler Kompakt-Lexikon Wirtschaft. 4.500 Begriffe nachschlagen, verstehen, anwenden, 11. Aufl., Wiesbaden: Springer Fachmedien.

Gadatsch, Andreas (2015): Geschäftsprozesse analysieren und optimieren. Praxistools zur Analyse, Optimierung und Controlling von Arbeitsabläufen, Wiesbaden: Springer Verlag.

Gadatsch, Andreas / Krupp, Alfred / Wiesehahn, Andreas (Hrsg.) (2017): Controlling und Leadership – Konzepte – Erfahrungen – Entwicklungen, Wiesbaden: Springer Fachmedien.

Galyani Moghaddam, Golnessa/Moballeghi, Mostafa (2008): Total quality management in library and information sectors. In: The Electronic Library, 26. Jg., Nr. 6, S. 912–922.

Geiger, Walter/Kotte, Willi (2008): Handbuch Qualität. Grundlagen und Elemente des Qualitätsmanagements: Systeme, Perspektiven, 5. Aufl. Wiesbaden: Friedrich Vieweg & Sohn Verlag.

Geiger, Gerhard / Hering, Ekbert / Kummer, Rolf (2003): Kanban. Optimale Steuerung von Prozessen, 2. Aufl., München [u. a.]: Carl Hanser Verlag.

Geuting, Manfred (1992): Planspiel und soziale Simulation im Bildungsbereich, Frankfurt am Main [u. a.]: Verlag Peter Lang.

Gibbons, Paul M. / Burgess, Stuart C. (2010): Introducing OEE as a measure of lean Six Sigma capability. In: International Journal of Lean Six Sigma, Jahrgang 1(2): 134-156.

Gladen, Werner (2014): Performance Measurement. Controlling mit Kennzahlen, 6. Aufl., Wiesbaden: Springer Fachmedien.

Goldsby, Thomas J. / Martichenko, Robert (2005): Lean Six Sigma Logistics. Strategic Development to Operational Success, Boca Raton: J. Ross Publishing, Incorporated.

Gorecki, Pawel / Pautsch, Peter (2013): Lean Management. Auf den Spuren des Erfolges der Managementphilosophie von Toyota und Co, 3. Aufl., München: Hanser Verlag.

Gorecki, Pawel / Pautsch, Peter (2014): Praxisbuch Lean Management, 2. Aufl., München: Carl Hanser Verlag.

Grabner, Thomas (2017): Operations Management. Auftragserfüllung bei Sach- und Dienst-leistungen, 3. Aufl., Wiesbaden: Springer Fachmedien.

Günther, Hans-Otto / Tempelmeier, Horst (2012): Produktion und Logistik, 9. Aufl., Berlin [u. a.]: Springer Verlag.

Harrell, Frank E. Jr. (2001): Regression Modellings Strategies. With Applications to Linear Models, Logistic Regression and Survival Analysis, New York: Springer Verlag.

Harry, Mikel J. / Mann, Prem S. / De Hodgins, Ofelica C. / Hulbert, Richard L. / Lacke, Christopher J. (2010): Practitioner's Guide to Statistics and Lean Six Sigma. For Process Improvements, Hoboken: John Wiley & Sons, Inc.

Hartberger, Helmut (1991): Wissensbasierte Simulation komplexer Produktionssysteme, Berlin: Springer Verlag.

Hartmann, Florian G. / Lois, Daniel (2015): Hypothesen Testen. Eine Einführung für Bachelorstudierende sozialwissenschaftlicher Fächer, Wiesbaden: Springer Fachmedien.

Heizer, Jay / Render, Barry (2014): Operations Management. Sustainability and Supply Chain Management, 11th Edition, Boston: Pearson.

Held, Bové (2014): Applied Statistical Inference. Likelihood and Bayes, Berlin: Springer Verlag.

Helmig, Bernd / Tscheulin, Dieter K. (Hrsg.) (2004): Gabler Lexikon Marktforschung, Wiesbaden: Betriebswirtschaftlicher Verlag Dr. Th. Gabler / GWV Fachverlage GmbH.

Herger, Mario (2014): Enterprise Gamification. Engaging people by letting them have fun, Leipzig: Amazon Distribution.

Hering, Ekbert/Linder, Markus/Steparsch, Werner (1997): Zertifizierung nach DIN EN ISO 9000. Prozeßoptimierung und Steigerung der Wertschöpfung, 2. Aufl. Berlin, Heidelberg: Springer Verlag.

Herrmann, Christoph / Thiede, Sebastian / Stehr, Jürgen / Bergmann, Lars (2008): An environmental perspective on Lean Production. In: Mitsubishi M., Ueda K., Kimura F. (eds): Manufacturing Systems and Technologies for the New Frontier. The 41st CIRP Conference on Manufacturing Systems May 26-28, 2008, Tokyo Japan. pp. 83-88, London: Springer Verlag.

Herz, Dietmar / Blätte, Andreas (2000): Simulation und Planspiel in den Sozialwissenschaften. Eine Bestandsaufnahme der internationalen Diskussion, Münster [u. a.]: LIT Verlag.

Hitzler, Sebastian / Zürn, Birgit / Trautwein, Friedrich (2011): Planspiele. Qualität und Innovation. Neue Ansätze aus Theorie und Praxis, ZMS Schriftenreihe – Band 2, Norderstedt: Books on Demand.

Ho, Samuel K. M. (1997): Workplace learning: the 5-S way, Journal of Workplace Learning, Vol. 9 (6): 185-191, Emerald Group Publishing Limited.

Hoffmann, D. W. (2013): Grenzen der Mathematik, Berlin [u. a.]: Springer Verlag.

Howard, Williams / Duray, Rebecca (2013): Making IT Lean: Applying Lean Practices to the Work of IT, Boca Raton: CRC Press.

Hummel, Thomas / Malorny, Christian (2015): Total Quality Management. In: Kamiske, Gerd F. (Hrsg.): Handbuch QM-Methoden. Die richtige Methode auswählen und erfolgreich umsetzen, 3. Aufl., München: Hanser Verlag.

Hussy, Walter / Schreier, Margrit / Echterhoff, Gerald (2013): Forschungsmethoden in Psychologie und Sozialwissenschaften für Bachelor, 2. Aufl., Berlin [u. a.]: Springer Verlag.

Hutzschenreuter, Thomas (2015): Allgemeine Betriebswirtschaftslehre. Grundlagen mit zahl-reichen Praxisbeispielen, 6. Aufl., Wiesbaden: Springer Fachmedien.

IFAA (Institut für angewandte Arbeitswissenschaften) (Hrsg.) (2016): 5S als Basis des kontinuierlichen Verbesserungsprozesses. Berlin Heidelberg: Springer-Verlag.

Jacobs, Robert F. / Chase, Richard B. (2011): Operations and Supply Chain Management, 14th Edition, Berkshire: McGraw-Hill Education.

Jank, Wolfgang (2011): Business Analytics for Managers – Use R, New York [u. a.]: Springer Verlag.

Japan Management Association (Hrsg.) (1989): Kanban for the Shopfloor Learning Package. Kanban Just-in Time at Toyota. Management Begins at the Workplace, Portland: Productivity Press.

Jones, Peter / Robinson, Peter (2012): Operations Management, Oxford: Oxford University Press.

Kahle, Egbert (1980): Produktion, München: Oldenbourg Wissenschaftsverlag.

Kamsike, Gerd F. (Hrsg.) (2015): Handbuch QM-Methoden: Die richtige Methode auswählen und erfolgreich umsetzen. 3. Aufl., München: Carl Hanser Verlag.

Kaufmann, Uwe H. (2012): Praxishandbuch Lean Six Sigma. Werkzeuge und Beispiele, München: Carl Hanser Verlag.

Kern, Werner (1979): Handwörterbuch der Produktionswirtschaft, Stuttgart: Poeschel Verlag.

Kirsch, Jürgen (2009): Organisation der Bauproduktion nach dem Vorbild industrieller Produktionssysteme. Entwicklung eines Gestaltungsmodells eines Ganzheitlichen Produktionssystems für den Bauunternehmer. In: Gehbauer, F. (Hrsg.): Reihe F, Forschung. Karlsruhe: Institut für Technologie und Management im Baubetrieb, Universität Karlsruhe.

Kleppmann, Wilhelm (2008): Taschenbuch der Versuchsplanung: Produkte und Prozesse optimieren, 5. Aufl., München: Carl Hanser Verlag.

Kleppmann, Wilhelm (2013): Versuchsplanung: Produkte und Prozesse optimieren, 8. Aufl., München: Carl Hanser Verlag.

Kleppmann, Wilhelm (2014): Statistische Versuchsplanung. In: Pfeifer, Tilo / Schmitt, Robert (Hrsg.): Masing Handbuch Qualitätsmanagement, 6. Aufl., München: Hanser Verlag.

Kletti, Jürgen / Schumacher, Jochen (2014): Die perfekte Produktion. Manufacturing Excellence durch Short Interval Technology (SIT), 2. Aufl., Berlin [u. a.]: Springer Verlag.

Kluckert, Klaus D. (2016): Spezialtiefbau 2.0. Durch Schaden wird man klug, Berlin: Wilhelm Ernst & Sohn, Verlag für Architektur und technische Wissenschaft GmbH & Co. KG.

Kobayashi, Iwao (1994): Die Japan Diät: 20 Schlüssel zum schlanken Unternehmen. Landsberg/Lech: Verlag moderne Industrie.

Koch, Susanne (2015): Einführung in das Management von Geschäftsprozessen. Six Sigma, Kaizen und TQM, 2. Aufl. Berlin: Springer Vieweg.

Köhler, Markus / Frank, Daniel / Schmitt, Robert (2014): Six Sigma. In: Pfeifer, Tilo / Schmitt, Robert (Hrsg.): Masing Handbuch Qualitätsmanagement, 6. Aufl., München: Hanser Verlag.

Kolitz, Klaus (2007): Systemdesign im Market-Engineering-Experiment zu Teilnehmerverhalten und Technologieakzeptanz, Karlsruhe: Universitätsverlag Karlsruhe.

Krafft, Manfred (1996): Der Ansatz der logistischen Regression und seine Interpretation. In: Manuskripte aus den Institutionen für Betriebswirtschaftslehre der Universität Kiel, Nr. 402 Kiel: Universität Kiel, Institut für Betriebswirtschaftslehre.

Krishnan, Vasudev / Parveen, C. Mallika (2013): Comparative Study of Lean Manufacturing Tools Used in Manufacturing Firms and Service Sector. In: Proceedings of the World Congress on Engineering, Vol I: 1-5.

Kriz, Willy (2009): Planspiel. In: Kühl, Stefan / Strodtholz, Petra / Taffertshofer, Andrea: Handbuch der Methoden der Organisationsforschung. Quantitative und Qualitative Methoden, Wiesbaden: VS Verlag für Sozialwissenschaften GWV Fachverlag.

Kubicek, Herbert (1977): Heuristische Bezugsrahmen und heuristisch angelegte Forschungs-designs als Elemente einer Konstruktionsstrategie empirischer Forschung, In: Köhler, Richard (Hrsg.): Empirische und handlungstheoretische Forschungskonzeptionen in der Betriebswirtschaftslehre: Bericht über die Tagung in Aachen, Stuttgart: C.E. Poeschel Verlag.

Kühn, Thomas/ Koschel, Kay-Volker (2011): Gruppendiskussionen. Ein Praxis-Handbuch, Wiesbaden: Springer Fachmedien.

Kumar, Raj/ Garg, Dixit/ Garg, T. K. (2009): Total quality management in Indian industries. Relevance, analysis and directions. In: The TQM Journal, 21. Jg., Nr. 6, S. 607–622.

Künzel, Hansjörg (Hrsg.) / Schrader, Rolf (2016): Erfolgsfaktor Lean Management 2.0. Wettbewerbsfähige Verschlankung auf nachhaltige und kundenorientierte Weise, Berlin: Springer Verlag.

Lagrosen, Yvonne / Lagrosen, Stefan (2005): The effects of quality management. A survey of Swedish quality professionals. In: International Journal of Lean Six Sigma, Vol. 25 (10): 940-952, Emerald Group Publishing Limited.

Lamnek, Siegfried (2005): Gruppendiskussion. Theorie und Praxis, Langensalza: Beltz.

Langenscheidt (2008): Großes Schulwörterbuch Lateinisch-Deutsch, Berlin [u. a.]: Langenscheidt.

Laraia, Anthony C. / Moody, Patricia E. / Hall, Robert W. (1999): The Kaizen Blitz: Accelerating Breakthroughs in Productivity and Performance. Hoboken, New Jersey (US): John Wiley & Sons.

Lay, G. / Dreher, C. / Kinkel, S. (1996): Neue Produktionskonzepte leisten einen Beitrag zur Sicherung des Standorts Deutschland. Positiver Zusammenhang zwischen der Verwirklichung neuer Konzepte und der Steigerung betrieblicher Leistungskennziffern belegt, Fraunhofer-Institut Systemtechnik und Innovationsforschung (ISI), 1/1996.

Lay, G. / Neuhaus, R. (2005): Ganzheitliche Produktionssysteme (GPS). Fortführung von Lean Production, angew. Arbeitswiss., Nr. 185, S. 32-47, Fraunhofer-Institut System- und Innovationsforschung, Karlsruhe.

Ledolter, Johannes / Swersey, Arthur J. (2007): Testing 1-2-3. Experimental Design with Ap-plications in Marketing and Service Operations, California, USA: Stanford University Press.

Lian, Yang-Hua / Van Landeghem, Hendrik (2002): An application of simulation and value stream mapping in lean manufacturing. In: Verbraeck, A. / Krug, W. (Eds): Proceedings 14th European Simulation Symposium: 1-8.

Liker, Jeffrey K. (2004): The Toyota Way. 14 Management Principles from the World's Greatest Manufacturer, New York [u. a.]: McGraw-Hill.

Lödding, Hermann (2014): Gedanken zu einem abgestimmten Management zu Kosten, Zeit und Qualität. In Stich, Volker / Schuh Günter (Hrsg.): Enterprise – Integration – Auf dem Weg zu kollaborativen Unternehmen, Berlin [u. a.]: Springer Verlag.

Lödding, Hermann (2016): Verfahren der Fertigungssteuerung. Grundlagen, Beschreibung, Konfiguration, 3. Aufl., Berlin [u. a.]: Springer Verlag.

Lotter, Bruno / Wiendahl, Hans-Peter (Hrsg.) (2012): Montage in der industriellen Produktion. Ein Handbuch für die Praxis, 2. Aufl., Berlin [u. a.]: Springer Verlag.

Lübke, Karsten / Vogt, Martin (2014): Angewandte Wirtschaftsstatistik: Daten und Zufall, Wiesbaden: Springer Fachmedien.

Lunau, Stephan (Hrsg.) / Meran, Renata / John, Alexander / Staudter, Christian / Roenpage, Olin (2014): Six Sigma+Lean Toolset. Mindset zur erfolgreichen Umsetzung von Verbesserungsprojekten, 5. Aufl., Berlin: Springer Verlag.

Mahoney, Donald P. / Svrcek, William Y. / Young, Brent R. (2006): A Real-Time Approach to Process Control, England: John Wiley & Sons Ltd.

Markland, Robert E. / Vickery, Shawnee K. / Davis, Robert A. (1998): Operations Management. Concepts in Manufacturing and Services, 2nd Edition, Ohio: South-Western College Publishing.

McClave, James T. / Benson, George P. / Sincich, Terry (2005): Statistics. For Business and Economics, 9th Edition, New Jersey: Pearson Education.

Mehrjerdi, Yahia Zare (2011): Six-Sigma: methodology, tools and its future. Assembly Automation, Vol. 31(1): 79-88, Emerald Group.

Melzer, Almut (2015): Six Sigma. Kompakt und praxisnah. Prozessverbesserung effizient und erfolgreich implementieren, Wiesbaden: Springer Fachmedien.

Minitab GmbH (o.J.): Support für Minitab 17: http://support.minitab.com/de-de/minitab/17/, Abruf am 20. 08. 2017.

Minitab GmbH (o.J.): Support für Minitab 18: https://support.minitab.com/de-de/minitab/18/, Abruf am 30.08.2017.

Montag, Torsten (o. J.): Optimierung: https://www.gruenderlexikon.de/lexikon/optimierung/, Abruf am 06. 07. 2017.

Montgomery, Douglas C. / Runger, George C. (1999): Applied Statistics and Probability for Engineers, 2nd Edition, New York: John Wiley & Sons, Inc.

Montgomery, Douglas C. (2009a): Design and Analysis of Experiments, 7th Edition, Hoboken: John Wiley & Sons.

Montgomery, Douglas C. (2009b): Introduction to STATISTICAL QUALITY CONTROL, 6th Edition Hoboken: John Wiley & Sons.

Montgomery, Douglas C. (2017): Design and Analysis of Experiments. 9th Edition, New Jersey, USA: John Wiley & Sons Inc.

Moyano-Fuentes, José / Sacristán-Díaz, Macarena (2012): Learning on lean. A review of thinking and research. In: International Journal of Operations & Production Management, 32. Jg., Nr. 5, S. 551–582.

Myerson, Paul (2012): Lean Supply Chain and Logistics Management, New York [u. a.]: McGraw-Hill.

Natrop, Johannes (2015): Angewandte Deskriptive Statistik. Praxisbezogenes Lehrbuch mit Fallbeispielen, Berlin [u. a.]: Walter de Gruyter.

Neter, John / Kutner, Michael / Wasserman, William / Nachtsheim, Christopher (1996): Ap-plied Linear Statistical Models, 4th Edition, New York [u. a.]: McGraw-Hill.

Neuhaus, Ralf (2016): Einleitung. In: Institut für angewandte Arbeitswissenschaft e.V. (Hrsg.): 5S als Basis des kontinuierlichen Verbesserungsprozesses, S. 1-4, Berlin [u. a.]: Springer Verlag.

Nussbaum, Christopher Lee (2011): Modell zur Bewertung des Wirkungsgrades von Produktkomplexität, Apprimus-Verlag.

Nyhuis, Peter, Reinhardt, Gunther, Abele, Eberhard (2008): Wandlungsfähige Produktionssysteme. Heute die Industrie von morgen gestalten, In: wt-online, Nr. 1.

Ohno, Taiichi (1993): Das Toyota-Produktionssystem, Frankfurt / Main [u. a.]: Campus Verlag.

Ohno, Taiichi (2005): Das Toyota-Produktionssystem, 1. Aufl., Frankfurt: Campus Verlag.

Omachonu, V. K. / Ross, J. E. (2004): Principles of Total Quality, 3rd Edition, Boca Raton: CRC Press LLC.

Palm, W. J. (2005): System Dynamics, Boston [u. a.]: McGraw-Hill.

Parmenter, David (2015): Key Performance Indicators. Developing, Implementing, and Using Winning KPIs, 3rd Edition, Hoboken: John Wiley & Sons, Inc.

Peter, Katrin (2009): Bewertung und Optimierung der Effektivität von Lean Methoden in der Kleinserienproduktion, Dissertation Universität Karlsruhe (TH), Forschungsbericht aus dem wbk Institut für Produktionstechnik, Band 151.

Pfeiffer, Werner/Weiß, Enno (1992): Lean Management. Grundlagen der Führung und Organisation industrieller Unternehmen. Berlin: Erich Schmidt Verlag.

Pohanka, Christian (2010): Six Sigma vs. Kaizen. Eine vergleichende Gegenüberstellung. Herausgegeben von: Kramer, Jost W. / Nitsch, Karl Wolfhart / Prause, Gunnar / Von Schubert, Andreas / Weigand, Andreas / Winkler, Joachim, Bremen: Europäischer Hochschulverlag.

Popper, K. (1969): Die Logik der Sozialwissenschaften. In: Adorno, T. W. / Albert H. / Dahrendorf R. / Habermas, J. / Pilot H. / Popper, K.R. (Hrsg.): Der Positivismusstreit in der deutschen Soziologie, S. 103-124 Neuwied [u. a.]: Luchterhand.

Pötters, Patrick / Schmitt, Robert / Leyendecker, Bert (2017a): Effectivity of quality methods on the shop floor of a serial production - How important is Poka Yoke?, in: Proceedings of the 20th QMOD-ICQSS Conference, International Conference on Quality and Service Science, Copenhagen/Helsingör, Denmark, 08/2017.

Pötters, Patrick / Leyendecker, Bert / Schmitt, Robert (2017): Methodenauswahl leicht gemacht. Optimierungsmethoden in der Produktion. Eine Hitliste, Qualität und Zuverlässigkeit. In: Qualität und Zuverlässigkeit, 62. Jahrgang, Nr. 07, S. 2–5.

Preuß, Stefanie (2017): Drittmittel für die Forschung. Grundlagen, Erfolgsfaktoren und Praxistipps für das Schreiben von Förderanträgen, Wiesbaden: Springer Fachmedien.

Raithel, Jürgen (2008): Quantitative Forschung. Ein Praxiskurs, 2. Aufl., Wiesbaden: VS Verlag für Sozialwissenschaften, GWV Fachverlag.

Rasch, Björn / Friese, Malte / Hofmann, Wilhelm / Naumann, Ewald (2014): Quantitative Methoden. 1. Einführung in die Statistik für Psychologen und Sozialwissenschaftler, 4. Aufl., Berlin: Springer Verlag.

Rath & Strong Management Consultants (Hrsg.) (2008): Rath & Strong's Six Sigma pocket guide. Werkzeuge zur Prozessverbesserung, Köln: TÜV Media.

REFA (1987): Methodenlehre der Betriebsorganisation. Planung und Gestaltung komplexer Produktionssysteme, München: Carl Hanser.

REFA (2011): Industrial Engineering - Standardmethoden zur Produktivitätssteigerung und Prozessoptimierung. München: Carl Hanser Verlag.

Reinhart, Gunther / Lindemann, Udo / Heinzl, Joachim (1996): Qualitätsmanagement. Ein Kurs für das Studium und Praxis, Berlin [u. a.]: Springer Verlag.

Reinhart, G. / Thiemann, C. / Spillner, R. / Schilp, J. (2008): Demographische Herausforderungen in der Montage, wt Werkstatttechnik online 98 (2008) 9, S. 689 – 693.

Reitz, Andreas (2008): Lean TPM. In 12 Schritten zum schlanken Managementsystem; effektive Prozesse für alle Unternehmensbereiche, gesteigerte Wettbewerbsfähigkeit durch KVP, Erfolge messen mit der Lean-TPM-Scorecard. München: Mi Fachverlag.

Ristau, Michael (2012): Prozessoptimierung in der Einzelteilproduktion, Hamburg: Diplomica Verlag.

Robotham, Frank / Galloway, Les / Azhashemi, Masoud (2007): Operations Management in Context, 2nd Edition Amsterdam [u. a.]: Butterworth-Heinemann is an imprint of Elsevier.

Rohn, Walter E. (1995): Ursprung und Entwicklung des Planspiels. In: Geilhardt, Thomas / Mühlbradt, Thomas (Hrsg.): Planspiele im Personal. und Organisationsmanagement. S. 57-67, Göttingen: Hogerfe-Verlag für Psychologie.

Rothacher, Albrecht (2007): Die Rückkehr der Samurai. Japans Wirtschaft aus der Krise, Berlin Heidelberg: Springer Verlag.

Rother, Mike (2009): Die Kata des Weltmarkführers – Toyotas Erfolgsmethoden. Frankfurt / New York: Campus Verlag.

Rothlauf, Jürgen (2004): Total-quality-Management in Theorie und Praxis. Zum ganzheitlichen Unternehmensverständnis, 2. Aufl. München, Wien: Oldenbourg Verlag.

Rothlauf, Jürgen (2014): Total Quality Management in Theorie und Praxis. Zum ganzheitlichen Unternehmensverständnis. Oldenbourg: De Gruyter.

Roy, Ranjit K. (2001): Design of Experiments using the Taguchi approach. 16 Steps to product and process improvement, New York [u. a.]: John Wiley & Sons.

Russell, Roberta S. / Taylor III, Bernard W. (2009): Operations Management Along the Supply Chain, 6th Edition New Jersey: John Wiley & Sons.

Sachs, Lothar (1992): Angewandte Statistik. Anwendung statistischer Methoden. 7. Völlig neu bearbeitete Auflage, Berlin, Heidelberg: Springer Verlag.

Samsuri, Siti Syahirah Binti (2013): On Effectiveness and Ability of Quality Tools, who writes "This research emphasize about the effectiveness of quality tools method to reduce the quantity product defects and quantity product loss." http://eprints.utem.edu.my/12674/1/CDR_09425-_24_pages.pdf, abgerufen am: 08.11.2017.

Santos, Javier / Wysk, Richard / Torres, José Manuel (2006): Improving Production with Lean Thinking, Hoboken: John Wiley & Sons.

Sarkar, Debashis (2006): 5S for Service Organizations and Offices. A Lean Look at Improvements, Milwaukee: Asq Quality Press.

Schira, Josef (2005): Statistische Methoden der VWL und BWL Theorie und Praxis, 2. Aufl., München: Pearson Studium.

Schmitt, Robert / Pfeifer, Tilo (2015): Qualitätsmanagement – Strategien – Methoden – Techniken, 5. aktualisierte Aufl., München [u. a.]: Carl Hanser Verlag.

Schneider, Markus (2016): Lean Factory Design. Gestaltungsprinzipien für die perfekte Produktion und Logistik, München: Carl Hanser Verlag.

Schonberger, Richard J. (1982): Japanese Manufacturing Techniques. Nine Hidden Lessons in Simplicity, New York [u. a.]: The Free Press.

Schreier, Margrit (2010): Qualitative Erhebungsmethoden. In: Hussy et al (2010): 213-235. Wirtschaftspsychologische Gesellschaft (WPGS): Vorbereitung von Gruppendiskussionen: http://www.wpgs.de/content/view/419/337/, Abruf am: 11.08.2016.

Schuh, Günther / Schmidt, Carsten (2014): Produktionsmanagement. Handbuch Produktion und Management 5, 2. vollständig neu bearbeitete und erweiterte Auflage, Berlin [u. a.]: Springer Verlag.

Schulte, Christof (1991): Logistik: Wege zur Optimierung des Material- und Informationsflusses. München: Verlag Franz Vahlen GmbH.

Schulze, Peter M. / Porath, Daniel (2012): Statistik mit Datenanalyse und ökonometrischen Grundlagen, 7. Aufl., München: Oldenbourg Wissenschaftsverlag.

Schwägele, Sebastian / Zürn, Birgit / Trautwein, Friedrich (Hrsg.) (2012): Planspiele. Trend in der Forschung. Rückblick auf den Deutschen Planspielpreis 2011, Norderstedt: Books on Demand.

Seeck, Stephan (2010): Erfolgsfaktor Logistik. Klassische Fehler erkennen und vermeiden, Wiesbaden: Gabler Verlag.

Sennheiser, Andreas / Schnetzler, Matthias (2008): Wertorientiertes Supply Chain Management. Strategien zur Mehrung und Messung des Unternehmenswertes durch SCM, Berlin [u. a.]: Springer Verlag.

Shankar, Rama (2009): Process Improvement Using Six Sigma: A DMAIC Guide, Milwaukee: ASQ Quality Press

Shimbun, Nikkan Kogyo / Factory Magazin (1989): Poka-Yoke. Improving Product Quality by Preventing Defects, Portland: Productivity Press.

Shingo, Shigeo (1986): Zero Quality Control: Source Inspection and the Poka-Yoke System, Boca Raton, Florida (US): CRC Press.

Shingo, Shigeo / Dillon, Andrew P. (1996): 5S for Operators. 5 Pillars of the Visual Workplace, New York: Productivity Press.

Sieberz Karl / van Bebber, David / Hochkirchen, Thomas (2010): Statistische Versuchsplanung. Design of Experiments (DoE), Berlin [u. a.]: Springer Verlag.

Sleeper, Andrew (2012): Minitab DeMYSTiFieD. New York: McGraw-Hill Verlag.

Snee, Ronald D. (2010): Lean Six Sigma. getting better all the time. In: International Journal of Lean Six Sigma, Vol. 1 (1): 9-29, Emerald Group.

Solding, P. / Gullander, P. (2009): Concepts For Simulation Based Value Stream Mapping. In: Proceedings of the 2009 Winter Simulation Conference: 2231-2237.

Sondermann, Jochen Peter (2013): Poka Yoke - Prinzip und Techniken für Null-Fehler-Prozesse. München: Carl Hanser Verlag München.

Stagliano, Augustine A. (2004): Rath & Strong's six Sigma advanced tools pocket guide. How to Use Design of Experiments, Analysis of Variance, Regression Analysis and 25 Other Powerful Tools, New York, USA: McGraw-Hill Verlag.

Stalk, George/ Evans, Philip/ Shulman, Lawrence E. (1992): Competing on Capabilities. The New Rules of Corporate Strategy. In: Harvard Business Review, March-April, S. 57-69.

Stauberg, Jan Robert / Deuse, Jochen / Baudzus, Barbara (2009): Didaktische Hilfsmittel zur Umsetzung schlanker Produktionssysteme. In: ZWF Zeitschrift für wirtschaftlichen Fabrikbetrieb, 104 (10): 847-852.

Stefanovic, Nenad/ Stefanovic, Dusan/ Misic, Milan (2008): Application of Business Intelligence for Business Process Management. In: Bramer, Max (Hrsg.): Artificial Intelligence in Theory and Practice II. IFIP 20th World Computer Congress, TC12: IFIP AI 2008 Stream, September 7-10, 2008.Milano, Italy: Springer Verlag.

Steven, Marion (2007): Handbuch Produktion – Theorie – Management – Logistik – Controlling, Stuttgart: Kohlhammer Verlag.

Stiller, Gudrun (o.J.): Optimierung: http://www.wirtschaftslexikon24.com/d/optimierung/optimierung.html, Abruf am 06.07.2017.

Sugimori, Y./ Kusunoki, K./ Cho, F./ Uchikawa, S. (1977): Toyota production system and Kanban system Materialization of just-in-time and respect-for-human system. In: International Journal of Production Research, 15. Jg., Nr. 6, S. 553–564.

Syska, Andreas / Böhnisch, Jens (2006): Produktionscontrolling mit Kennzahlen. In: VDI-Z Integrierte Produktion, 148 (1/2): 26-29.

Taghizadegan, Salman (2006): Essentials of Lean Six Sigma, Amsterdam [u. a.]: Elsevier Inc.

Thaler, Klaus (1999): Supply Chain Management. Prozessoptimierung in der logistischen Kette. Köln: Fortis Verlag FH.

Thommen, Jean-Paul / Achleitner, Ann-Kristin (2009): Allgemeine Betriebswirtschaftslehre. Umfassende Einführung aus managementorientierter Sicht, 6. Aufl., Wiesbaden: Gabler.

Tiedtke, Jürgen (2007): Allgemeine BWL. Betriebswirtschaftliches Wissen für kaufmännische Berufe. Schritt für Schritt, 2. Aufl., Wiesbaden: Gabler, GWV Fachverlag.

Töllner, Alke / Jungmann, Thorsten / Bücker, Matthias / Brutscheck, Tobias (2010): Modelle und Modellierung. In Bandow, Gerhard / Holzmüller, Hartmut H. (Hrsg.): Das ist gar kein Modell!. Unterschiedliche Modelle und Modellierungen in Betriebswirtschaftslehre und Ingenieurwissenschaften, Wiesbaden: Gabler, GWV Fachverlag.

Tomczak, T. (1992): Forschungsmethoden in der Marketingwissenschaft, In: Marketing ZfB, Nr. 2: 77-87.

Ulrich, Hans (1981): Die Betriebswirtschaftslehre als anwendungsorientierte Sozialwissenschaft. In: Geist, Manfred N. / und Köhler, Richard (Hrsg.): Die Führung des Betriebs, Stuttgart: C. E. Poeschel Verlag.

Ulrich, Markus (2006): Komplexität anpacken. Mit Planspielen erfolgreiches Handeln erlernen. In: Tagungsband zur 7. Werner-Kollath-Tagung, Komplexität erkennen. Zukunft gestalten. Ernährungsökologie als integrativer Ansatz für Wissenschaft und Praxis: 1-24.

Ulrich, Peter / Hill, Wilhelm (1979): Wissenschaftstheoretische Aspekte ausgewählter betriebswirtschaftlicher Konzeptionen. In Raffér, H. / Abel, B. (Hrsg.): Wissenschaftstheoretische Grundfragen der Wirtschaftswissenschaften, München: Verlag Franz Vahlen.

Urban, D.; Mayerl, J. (2011): Regressionsanalyse: Theorie, Technik und Anwendung.4. Aufl., Wiesbaden: Springer Verlag.

Verein Deutscher Ingenieure: VDI-Richtline 2870 (2012) Blatt 1. Ganzheitliche Produktionssysteme. Methodenkatalog, Köln: Beuth Verlag.

Verein Deutscher Ingenieure: VDI-Richtline 2870 (2013) Blatt 2. Ganzheitliche Produktionssysteme. Methodenkatalog, Köln: Beuth Verlag.

Von Ameln, Kramer (2016): Organisationen in Bewegung bringen. Handlungsorientierte Methoden für die Personal-, Team- und Organisationsentwicklung, 2. Aufl., Berlin [u. a.]: Springer Verlag.

Waffenschmidt, Walter G. (1955): Produktion, Meisenheim [u. a.]: Verlag Anton Hain

Wannenwetsch, Helmut (2014): Integrierte Materialwirtschaft, Logistik und Beschaffung, 5. neu bearbeitete Aufl., Berlin [u. a.]: Springer Verlag.

Wappis, Johann/Jung, Berndt (2016): Null-Fehler-Management. Umsetzung von Six Sigma, 5. Aufl. Herausgegeben von Matyas, Kurt. München, Wien: Hanser Verlag.

Warnecke, H. J. (1996): Die Montage im flexiblen Produktionsbetrieb. Technik, Organisation, Betriebswirtschaft, Berlin [u. a.]: Springer Verlag.

Wei, Chiou-Shuei (2014): Measuring performance of management process: Efficiency, capability, cost and maturity. In: Human Systems Management, Vol. 33 Issue 4, p.171-179.

Weigert, Gerald / Henlich, Thomas / Klemmt, Andreas (2008): Methoden zur Modellierung und Optimierung von Montageprozessen, Stuttgart: Fraunhofer IRB Verlag.

Weiß, Christel (2013): Basiswissen Medizinische Statistik, 6. Aufl., Berlin Heidelberg: Springer Verlag.

Weiss-Oberdorfer, W. (2009): Ich will einen Beruf!. Qualifizierung für die Montage von morgen. In: Feldman, Klaus (Hrsg.): Montage in der Leistungselektronik für globale Märkte – Design, Konzepte, Strategien, Berlin [u. a.]: Springer Verlag.

Werner, Hartmut (2013): Supply Chain Management. Grundlagen, Strategien, Instrumente und Controlling, 5. Aufl. Wiesbaden: Springer Fachmedien.

Wieczorek, Dorothee (2009): Statistische Versuchsplanung. Angewandt auf technische Systeme. In: Bandow, Gerhard/Holzmüller, Hartmut H. (Hrsg.): "Das ist gar kein Modell!" Unterschiedliche Modelle und Modellierungen in Betriebswirtschaftslehre und Ingenieurwissenschaften. S. 169-187. Wiesbaden: Gabler Verlag.

Wiendahl, Hans-Peter (1989): Betriebsorganisation für Ingenieure. 3. Auflage, München: Hanser.

Wiesbeck, Mathey (2014): Struktur zur Repräsentation von Montagesequenzen für die Situationsorientierte Werkerführung, München: Technische Universität München.

Wille, Tobias (2016): Lean Thinking in produzierenden Unternehmen. Ein Bezugssystem zur Bewertung des Einführungsfortschritts, Wiesbaden: Springer Vieweg.

Windzio, Michael (2013): Regressionsmodelle für Zustände und Ereignisse: Eine Einführung, Wiesbaden: Springer Fachmedien.

Womack, James P. / Jones, Daniel T. / Roos, Daniel (1990): The Machine That Changed The World, New York [u. a.]: Free Press.

Yagyu, Shunji / Klages, Carsten (Übersetzer) (2009): Das synchrone Managementsystem. München: FinanzBuch Verlag GmbH.

Zacher, Serge / Reuter, Manfred (2017): Regelungstechnik für Ingenieure. Analyse, Simulation und Entwurf von Regelkreisen, 15. Aufl., Wiesbaden: Springer Fachmedien.

Zäpfel, Günther (1982): Produktionswirtschaft: Operatives Produktions-Management, Berlin: de Gruyter.

Zelewski, Stephan/Hohmann, Susanne/Hügens, Torben (2008): Produktionsplanungs- und –steuerungssysteme. Konzepte und exemplarische Implementierungen mithilfe von SAP® R/3®. München: Oldenbourg Verlag.

Anhang

Anhang A

TPS-Haus

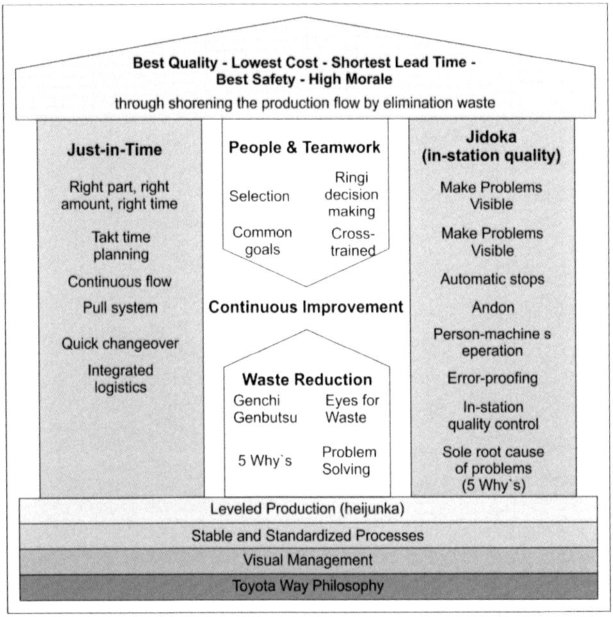

Quelle: Eigene Abbildung i. A. a. Liker (2004): S. 33

Anhang B

Gestaltungsprinzipien und Methoden

Gestaltungsprinzip	Methode	Qualität	Kosten	Zeit
Standardisierung	5S	••	•	••
	Prozessstandardisierung	•••	••	•••
Null-Fehler-Prinzip	5 x Warum	•••	•	••
	8D-Methode	••	••	••
	A3-Methode	••	••	••
	Autonomation	•••	••	••
	Ishikawa-Diagramm	••	••	••
	Kurze Regelkreise	••	•	••
	Poka Yoke	•••	••	••
	Six Sigma	•••	••	••
	Statistische Prozessregelung	•••	•	•
	Werkerselbstkontrolle	•••	••	••
Visuelles Management	Andon	•••	•	••
	Shopfloor Management	•••	•••	•••
Kontinuierlicher Verbesserungsprozess	Audit	••	••	••
	Benchmarking	••	••	••
	Cardboard Engineering	•	•••	••
	Ideenmanagement	•••	•••	•••
	PDCA	••	••	••
Mitarbeiterorientierung und Führung	Hancho	•••	••	••
	Zielmanagement	••	••	••
Fließprinzip	FIFO	••	•	•
	One Piece Flow	•••	•••	•••
	Schnellrüsten	•	••	•••
	Wertstromplanung	•	••	•••
	U-Layout	•	•	•••

Pull-Prinzip	JIT/JIS	•	••	••
	Kanban	•	•••	•••
	Milkrun	•	••	••
	Nivellierung	•	•	••
	Supermarkt	•	••	••
Vermeidung von Verschwendung	Chaku-Chaku	•	••	••
	Low Cost Automation	•	•••	••
	Total Productive Maintenance	•	•••	•
	Verschwendungsbewertung	•	•••	••

Quelle: Eigene Darstellung i. A. a. VDI 2870-1 (2012): S. 17 f.

Anhang C

Datenübersicht (statistische Versuchsplanung)

Nr.	5S	Kanban	SAB	Poka Yoke	Lagerwert [€]	DLZ [Min.]	Nacharbeit [Anzahl]	Output [Stück]	Termintreue [Ja/ Nein]
1	not used	not used	used	used	59.000	01:16	0	11	Ja
2	not used	not used	used	not used	85.000	03:05	1	4	Nein
3	not used	used	not used	used	45.200	00:57	0	11	Ja
4	used	used	used	not used	62.500	01:54	2	7	Nein
5	not used	used	used	not used	50.500	04:36	1	6	Nein
6	used	not used	not used	not used	64.000	02:02	2	6	Nein
7	used	used	not used	used	55.000	01:58	0	10	Ja
8	not used	used	not used	not used	58.500	06:46	2	3	Nein
9	used	used	not used	not used	47.800	03:02	2	6	Nein
10	used	not used	used	used	79.000	03:54	0	6	Nein
11	used	used	used	used	51.000	01:25	0	13	Ja
12	not used	not used	not used	not used	116.000	08:14	1	1	Nein
13	used	not used	not used	used	68.000	01:41	0	9	Ja
14	not used	not used	not used	used	83.590	01:12	0	9	Ja

15	not used	used	used	used	48.500	01:28	1	12	Ja
16	used	not used	used	not used	71.000	02:36	0	5	Nein
17	not used	not used	used	used	100.800	01:23	0	14	Nein
18	not used	not used	used	not used	109.550	01:35	3	8	Nein
19	not used	used	not used	used	41.500	01:07	1	11	Ja
20	used	used	used	not used	63.500	02:29	0	6	Nein
21	not used	used	used	not used	61.000	02:31	0	8	Nein
22	used	not used	not used	not used	91.000	01:59	2	8	Ja
23	used	used	not used	used	49.000	01:22	0	11	Ja
24	not used	used	not used	not used	47.000	01:03	3	7	Nein
25	used	used	not used	not used	75.000	02:17	1	7	Nein
26	used	not used	used	used	55.500	01:10	0	12	Ja
27	used	used	used	used	44.000	00:53	0	13	Ja
28	not used	not used	not used	not used	125.300	08:03	1	1	Nein
29	used	not used	not used	used	55.500	01:29	1	13	Ja
30	not used	not used	not used	used	98.000	01:14	0	6	Nein
31	not used	used	used	used	80.000	00:46	0	12	Ja

32	used	not used	used	not used	83.000	03:55	1	7	Nein
33	not used	not used	used	used	56.000	01:25	0	7	Ja
34	not used	not used	used	not used	88.400	03:27	0	6	Nein
35	not used	used	not used	used	42.500	02:37	1	11	Nein
36	used	used	used	not used	64.000	03:36	1	7	Nein
37	not used	used	used	not used	55.500	06:15	1	8	Nein
38	used	not used	not used	not used	78.500	05:46	2	5	Nein
39	used	used	not used	used	66.400	01:54	1	9	Ja
40	not used	used	not used	not used	45.000	03:54	3	3	Nein
41	used	used	not used	not used	45.200	02:06	2	7	Nein
42	used	not used	used	used	112.000	01:27	0	7	Ja
43	used	used	used	used	52.800	01:26	0	11	Ja
44	not used	not used	not used	not used	102.200	08:14	1	1	Nein
45	used	not used	not used	used	58.500	01:45	1	8	Ja
46	not used	not used	not used	used	106.000	01:05	0	8	Ja
47	not used	used	used	used	49.000	01:55	1	9	Ja
48	used	not used	used	not used	96.000	02:31	3	8	Nein

Anhang D

Prognosewerte, KPI Lagerwert

Rang	Methoden	Anpassung	95%-KI*	95%-PI*²
1	Kanban, Poka Yoke	41852,9	30.039,5; 53.666,3	12.123,2; 71.582,6
2	Kanban	51380,4	39.567,0; 63.193,8	21.650,7; 81.110,1
3	5S, Kanban, Poka Yoke, SAB	51536,2	39.722,9; 63.349,6	21.806,6; 81.265,9
4	5S, Kanban, Poka Yoke	51636,2	39.822,9; 63.449,6	21.906,6; 81.365,9
5	Kanban, Poka Yoke, SAB	52652,9	21.906,6; 81.365,9	22.923,2; 82.382,6
6	5S, Kanban, SAB	61063,7	49.250,4; 72.877,1	31.334,1; 90.793,4
7	5S, Kanban	61163,8	49.350,4; 72.977,1	31.434,1; 90.893,4
8	Kanban, SAB	62180,4	50.367,0; 73.993,8	32.450,7; 91.910,1
9	5S, Poka Yoke	64486,3	52.672,9; 76.299,6	34.756,6; 94.215,9
10	5S	74013,8	62.200,4; 85.827,1	44.284,1; 10.3743
11	5S, Poka Yoke, SAB	77986,3	66.172,9; 89.799,6	48.256,6; 10.7716
12	Poka Yoke, SAB	78361,3	66.547,9; 90.174,6	48.631,6; 10.8091
13	5S, SAB	87513,8	75.700,4; 99.327,1	57.784,1; 117.243
14	SAB	87888,8	76.075,4; 99.702,1	58.159,1; 117.618
15	Poka Yoke	100418	88.604,5; 11.2231	70.688,2; 130.148
16	Referenzrunde	109945	98.132,0; 12.1759	80.215,7; 139.675

Legende:

* KI = Konfidenzintervall, *² PI = Prognoseintervall

Anhang E

Prognosewerte, KPI Durchlaufzeit

Rang	Methoden	Anpassung	95%-KI*	95%-PI*²
1	5S, Poka Yoke	00:52	-00:27; 2:11	-02:00; 03:44
2	Poka Yoke, SAB	00:52	-00:27; 2:11	-02:00; 03:44
3	Kanban, Poka Yoke, SAB	01:13	-00:06; 2:33	-01:39; 04:06
4	Kanban, Poka Yoke	01:23	00:03; 2:43	-01:29; 04:16
5	5S, Kanban, Poka Yoke, SAB	01:24	00:04; 2:43	-01:28; 04:17
6	5S, Kanban, Poka Yoke	01:54	00:34; 3:14	-00:58; 04:47
7	Poka Yoke	01:56	00:36; 3:16	-00:56; 04:49
8	5S, Kanban	02:18	00:58; 3:38	-00:34; 05:11
9	5S, Kanban, SAB	02:30	01:10; 3:49	-00:22; 05:23
10	5S, SAB	02:33	01:14; 3:53	-00:18; 05:26
11	5S, Poka Yoke, SAB	02:37	01:17; 3:56	-00:15; 05:29
12	SAB	03:09	01:49; 4:28	00:16; 06:01
13	5S	04:01	02:42; 5:21	01:09; 06:54
14	Kanban	04:04	02:44; 5:24	01:11; 06:57
15	Kanban, SAB	04:36	03:17; 5:56	01:43; 07:29
16	Referenzrunde	07:24	06:04; 8:43	04:31; 10:16

Legende:

* KI = Konfidenzintervall, *² PI = Prognoseintervall

Anhang F

Prognosewerte, KPI Output

Rang	Methoden	Anpassung	95%-KI*	95%-KI*²
1	Kanban, Poka Yoke, SAB	11,7917	10,4147; 13,1686	7,66089; 15,9224
2	5S, Kanban, Poka Yoke, SAB	11,5417	10,1647; 12,9186	7,41089; 15,6724
3	5S, Kanban, Poka Yoke	11,2917	9,91474; 12,6686	7,16089; 15,4224
4	Poka Yoke, SAB	10,2083	8,83141; 11,5853	6,07756; 14,3391
5	5S, Poka Yoke, SAB	9,95833	8,58141; 11,3353	5,82756; 14,0891
6	5S, Poka Yoke	9,70833	8,33141; 11,0853	5,57756; 13,8391
7	Kanban, Poka Yoke	9,04167	7,66474; 10,4186	4,91089; 13,1724
8	Poka Yoke	7,45833	6,08141; 8,83526	3,32756; 11,5891
9	Kanban, SAB	7,29167	5,91474; 8,66859	3,16089; 11,4224
10	5S, Kanban, SAB	7,04167	5,66474; 8,41859	2,91089; 11,1724
11	5S, Kanban	6,79167	5,41474; 8,16859	2,66089; 10,9224
12	SAB	5,70833	4,33141; 7,08526	1,57756; 9,83911
13	5S, SAB	5,45833	4,08141; 6,83526	1,32756; 9,58911
14	5S	5,20833	3,83141; 6,58526	1,07756; 9,33911
15	Kanban	4,54167	3,16474; 5,91859	0,410888; 8,67244
16	Referenzrunde	2,95833	1,58141; 4,33526	-1,17244; 7,08911

Legende:

* KI = Konfidenzintervall, *² PI = Prognoseintervall

Anhang G

Prognosewerte, KPI Termintreue

Rang	Methoden	Anpassung	95%-KI*
1	5S, Kanban, Poka Yoke	0,959544	0,617532; 0,997138
2	5S, Kanban, Poka Yoke, SAB	0,934703	0,536073; 0,994392
3	5S, Poka Yoke	0,934703	0,536073; 0,994392
4	5S, Poka Yoke, SAB	0,896257	0,448701; 0,989213
5	Kanban, Poka Yoke	0,825876	0,382909; 0,973158
6	Poka Yoke	0,741103	0,301137; 0,950041
7	Kanban, Poka Yoke, SAB	0,741103	0,301137; 0,950041
8	Poka Yoke, SAB	0,633379	0,225644; 0,911053
9	5S, Kanban	0,103743	0,0107873; 0,551299
10	5S, Kanban, SAB	0,0652974	0,0056076; 0,463927
11	5S	0,0652974	0,0056076; 0,463927
12	5S, SAB	0,040456	0,0028619; 0,382468
13	Kanban	0,0226236	0,0012048; 0,307574
14	Kanban, SAB	0,0137775	0,0006083; 0,242787
15	SAB	0,0137775	0,0006083; 0,242787
16	Referenzrunde	0,0083608	0,0003039; 0,189534

Legende:

* KI = Konfidenzintervall

Anhang H

Prognosewerte, KPI Nacharbeit

Rang	Methoden	Anpassung	95%-KI*
1	5S, Poka Yoke, SAB	0,0631048	0,0088654; 0,336518
2	Poka Yoke, SAB	0,0823787	0,0126499; 0,386147
3	5S, Kanban, Poka Yoke, SAB	0,136756	0,0247872; 0,496831
4	Kanban, Poka Yoke, SAB	0,174338	0,0344143; 0,555740
5	5S, Poka Yoke	0,331592	0,0946660; 0,701817
6	Poka Yoke	0,398031	0,125076; 0,9753592
7	5S, Kanban, Poka Yoke	0,538494	0,204831; 0,840899
8	5S, SAB	0,601969	0,246408; 0,874924
9	Kanban, Poka Yoke	0,608639	0,254084; 0,876548
10	SAB	0,668408	0,298183; 0,905334
11	5S, SAB, Kanban	0,780563	0,407799; 0,948386
12	SAB, Kanban	0,825817	0,465070; 0,962762
13	5S	0,917621	0,613853; 0,987350
14	Referenzrunde	0,936895	0,663482; 0,991135
15	5S, Kanban	0,963234	0,748682; 0,995679
16	Kanban	0,972160	0,784393; 0,997025

Legende:

* KI = Konfidenzintervall

Anhang I

Minitab ist eine Statistik-Software und wurde zur Auswertung der erhobenen Daten bereitgestellt. Eingesetzt wurde:

Minitab® 18

Version: 18.1 © 2017, Minitab, Inc.

Die folgenden Prozesse werden nachfolgend erläutert:

Minitab 1:	Vorgehensweise DoE
Minitab 2:	Vorgehensweise „Binäre logistische Regression"
Minitab 3:	Prognostizieren von Versuchsergebnissen der DoE
Minitab 4:	Zielgrößenoptimierung KPIs: Lagerwert, DLZ und Output

Weitere Informationen zu Minitab können unter: http://www.minitab.com/de-de abgerufen werden.

Minitab 1: Vorgehensweise DoE

1. Schritt: Auswahl „Faktoriellen Versuchsplan analysieren…“

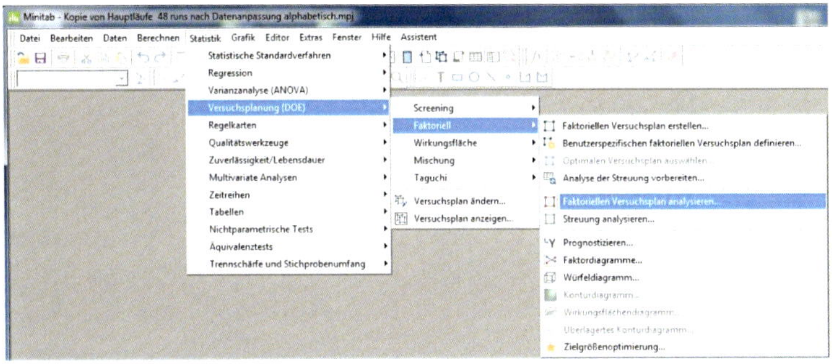

2. Schritt: Auswahl der Antwortvariable aus linker Auswahlliste.

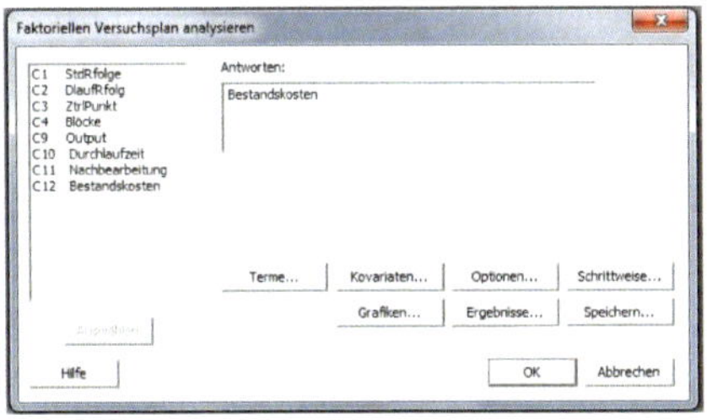

3. Selektion der zu betrachtenden Terme und der Ordnung, unter Schaltfläche „Terme“.

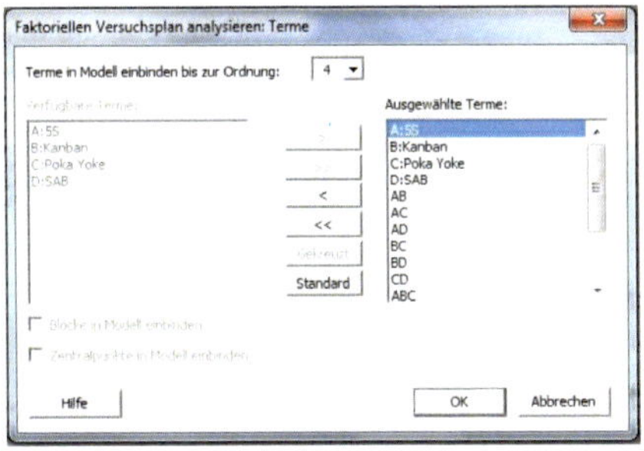

4. Schritt: Unter „Optionen“ Einstellung des Konfidenzintervalls, sonst keine weiteren Einstellungen vorgenommen; mit „OK“ bestätigen.

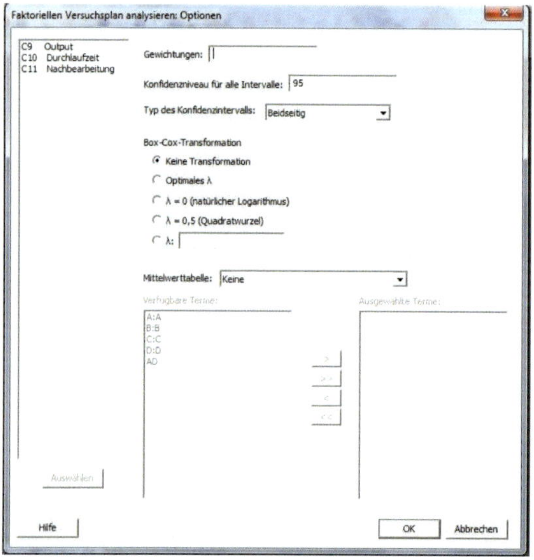

5. Schritt: Ausgabe der Ergebnisse in grafischer Form, gemäß den Einstellungen der Schaltfläche „Grafiken“.

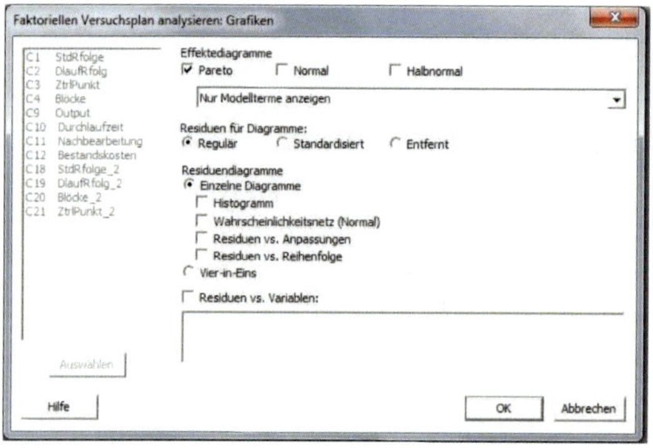

6. Schritt: Bestimmung der Ergebnisausgabe, gemäß folgender Einstellungen:

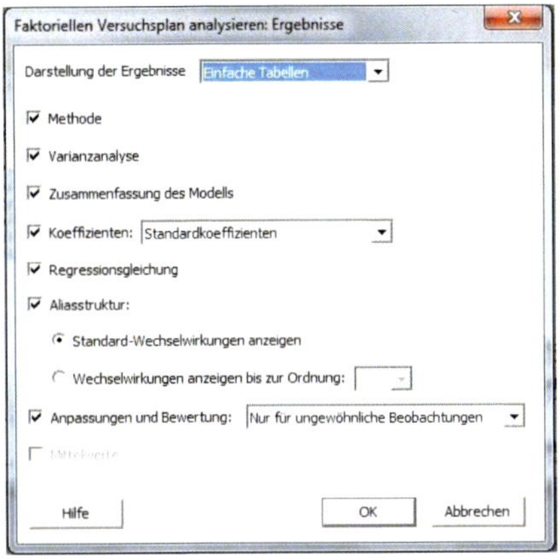

7. Schritt: Durch Bestätigung der „OK"-Schaltfläche von Schritt 2 wird das Session-fenster mit den Versuchsergebnissen erstellt/geöffnet. (Auszug)

Zusammenfassung des Modells

S	R-Qd	R-Qd(kor)	R-Qd(prog)
13779,4	74,77%	62,95%	43,23%

Kodierte Koeffizienten

Term	Effekt	Koef	SE Koef	t-Wert	p-Wert	VIF
Konstante		69630	1989	35,01	0,000	
SAB	536	268	1989	0,13	0,894	1,00
Kanban	-30893	-15447	1989	-7,77	0,000	1,00
5S	-6910	-3455	1989	-1,74	0,092	1,00
Poka Yoke	-9528	-4764	1989	-2,40	0,023	1,00
SAB*Kanban	4814	2407	1989	1,21	0,235	1,00
SAB*5S	6164	3082	1989	1,55	0,131	1,00
SAB*Poka Yoke	998	499	1989	0,25	0,803	1,00
Kanban*5S	11243	5622	1989	2,83	0,008	1,00
Kanban*Poka Yoke	5311	2655	1989	1,34	0,191	1,00
5S*Poka Yoke	1628	814	1989	0,41	0,685	1,00
SAB*Kanban*5S	-11614	-5807	1989	-2,92	0,006	1,00
SAB*Kanban*Poka Yoke	-2065	-1032	1989	-0,52	0,607	1,00
SAB*5S*Poka Yoke	-715	-358	1989	-0,18	0,858	1,00
Kanban*5S*Poka Yoke	-4044	-2022	1989	-1,02	0,317	1,00
SAB*Kanban*5S*Poka Yoke	-5652	-2826	1989	-1,42	0,165	1,00

Minitab 2: Vorgehensweise *„Binäre logistische Regression“*

1. Schritt: Auswahl „Faktoriellen Versuchsplan analysieren...“

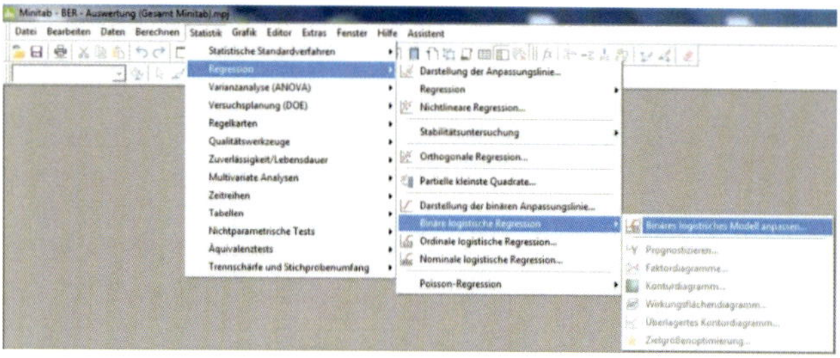

2. Schritt: Auswahl der Antwort, Termintreue‘.

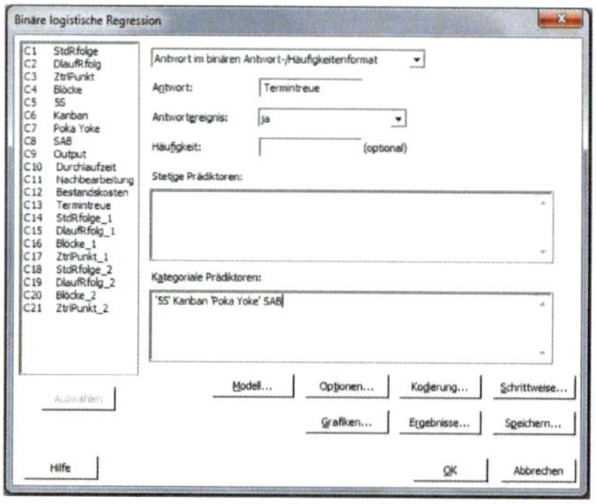

3. Schritt: Auswahl der Terme und Wechselwirkungen zweiter Ordnung.

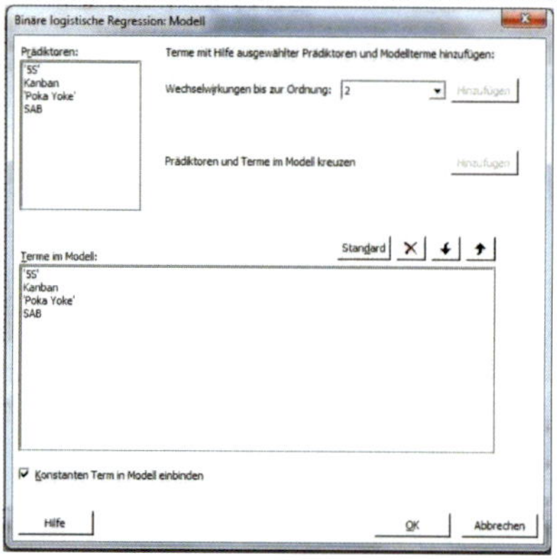

4. Schritt: Unter, Optionen‘ KI einstellen und beidseitigen Test auswählen. Andere Werte auf Standardeinstellung belassen.

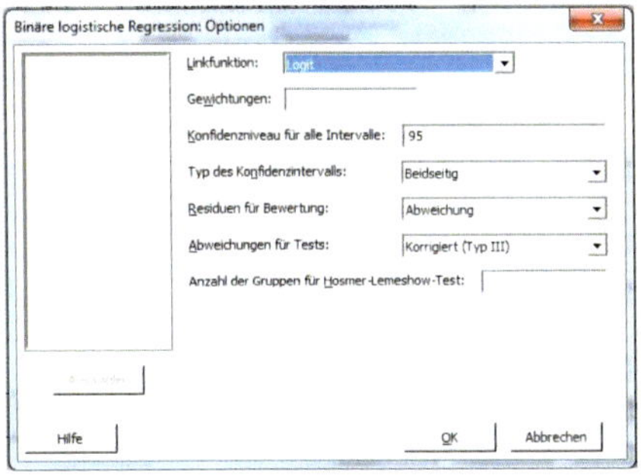

5. Schritt: Durch Bestätigung der „OK“-Schaltfläche von Schritt 2, wird das Sessionfenster mit den Versuchsergebnissen erstellt/geöffnet. (Auszug)

Binäre Logistische Regression: Termintreue vs. 5S; ... ; Poka Yoke; SAB

Methode

Linkfunktion	Logit
Kodierung der kategorialen Prädiktoren	(1; 0)
Verwendete Zeilen	48

Informationen zur Antwortvariablen

Variable	Wert	Anzahl	
Termintreue	ja	21	(Ereignis)
	nein	27	
	Gesamt	48	

Abweichungstabelle

Quelle	DF	Kor Abw	Kor MW	Chi-Quadrat	p-Wert
Regression	4	38,5767	9,6442	38,58	0,000
5S	1	2,2570	2,2570	2,26	0,133
Kanban	1	0,2509	0,2509	0,25	0,616
Poka Yoke	1	37,6403	37,6403	37,64	0,000
SAB	1	0,2509	0,2509	0,25	0,616
Fehler	43	27,2135	0,6329		
Gesamt	47	65,7902			

Zusammenfassung des Modells

R-Qd der Abweichung	R-Qd(kor) der Abweichung	AIC
58,64%	52,56%	37,21

Koeffizienten

Term	Koef	SE Koef	VIF
Konstante	-4,27	1,60	
5S			
used	1,61	1,19	1,32
Kanban			
used	0,50	1,02	1,03
Poka Yoke			
used	5,32	1,39	1,38
SAB			
used	-0,50	1,02	1,03

Chancenverhältnisse für kategoriale Prädiktoren

Stufe A	Stufe B	Chancenverhältnis	95%-KI
5S			
used	not used	5,0006	(0,4883; 51,2088)
Kanban			
used	not used	1,6569	(0,2256; 12,1702)
Poka Yoke			
used	not used	204,9062	(13,4231; 3127,9379)
SAB			
used	not used	0,6035	(0,0822; 4,4329)

Minitab 3: Prognostizieren von Versuchsergebnissen der DoE

1. Schritt: Auswahl der Prognosefunktion.

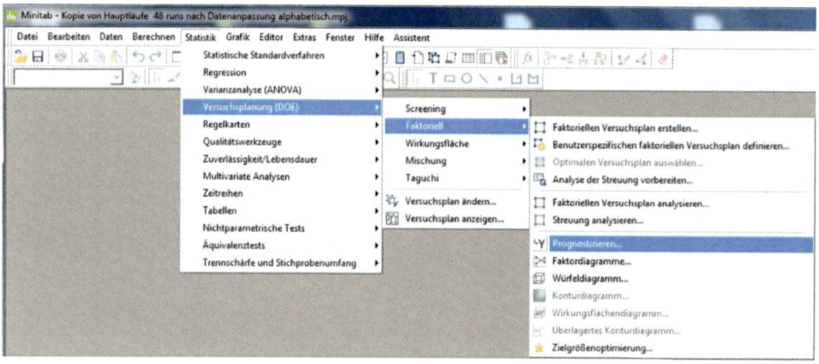

2. Schritt: Auswahl der Antwortvariable (hier KPI Output); anschließend bestimmen, welche Prozessoptimierungsmethoden innerhalb der Prognose berücksichtigt werden sollen.

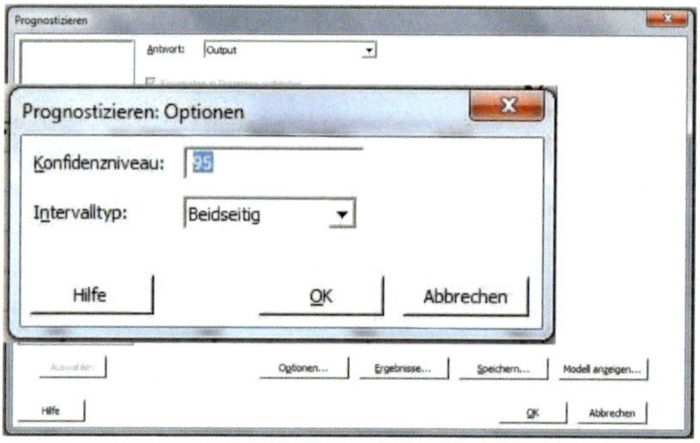

3. Schritt: Unter der Schaltfläche „Optionen" folgende Werte eingeben; mit „OK" bestätigen.

4. Schritt: Unter der Schaltfläche „Ergebnisse“ folgende Optionen auswählen; mit „OK“ bestätigen.

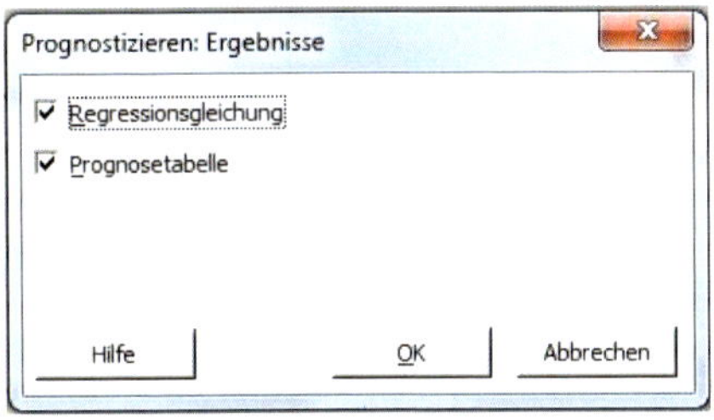

5. Schritt: Fenster aus Schritt 2 mit „OK“ bestätigen und Minitab erstellt das Sessionfenster (Ergebnisse).

Prognose für Output

Regressionsgleichung in nicht kodierten Einheiten

Output = 7,875 + 0,500 5S + 0,792 Kanban + 2,250 Poka Yoke + 0,750 SAB - 0,625 5S*SAB

Einstellungen

Variable	Einstellung
5S	not used
Kanban	used
Poka Yoke	not used
SAB	not used

Prognose

Anpassung	SE Anpassung	95%-KI	95%-PI
4,54167	0,682295	(3,16474; 5,91859)	(0,410888; 8,67244)

Minitab 4: Zielgrößenoptimierung KPIs: Lagerwert, DLZ und Output

1. Schritt: Auswahl der Zielgrößenoptimierung.

   1.1. Für KPIs Lagerwert, DLZ und Output

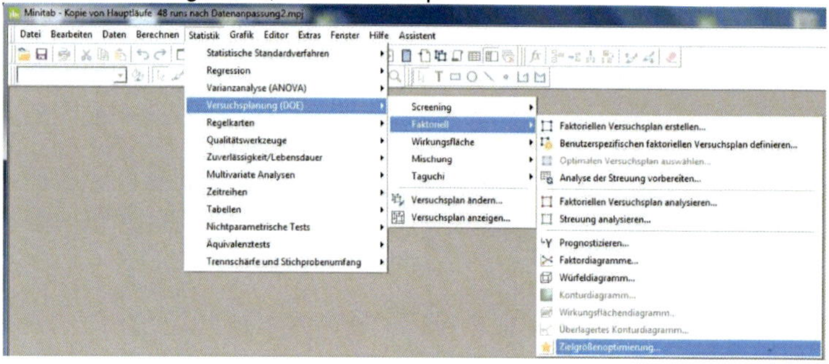

   1.2. Für KPI Termintreue (dichotomes Merkmal)

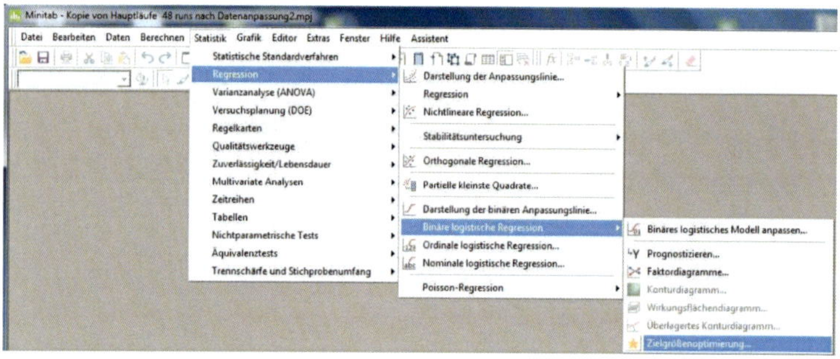

2. Schritt: Auswahl, welche Operation („Maximieren“, „Minimieren“, „Nicht optimieren“ oder „Sollwert“) je KPI durchgeführt werden soll. In diesem Beispiel soll nur der KPI Output maximiert werden.

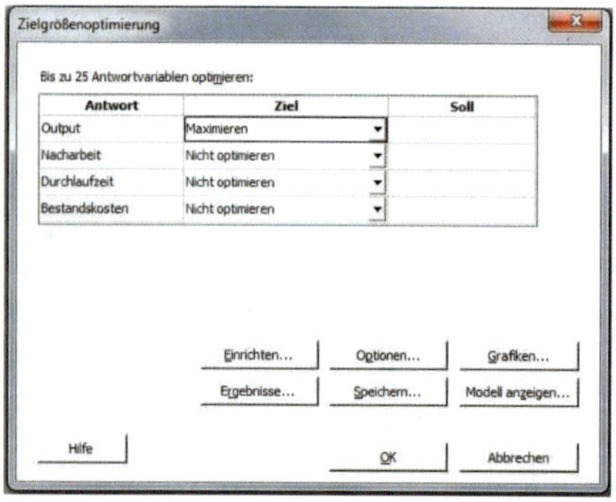

3. Schritt: Mittels der Schaltfläche „Einrichten“ könnten weitere Feineinstellungen vorgenommen werden. Diese Option wurde jedoch nicht verwendet (Minitab-Standardwerte verwendet); ggf. mit „OK“ bestätigen.

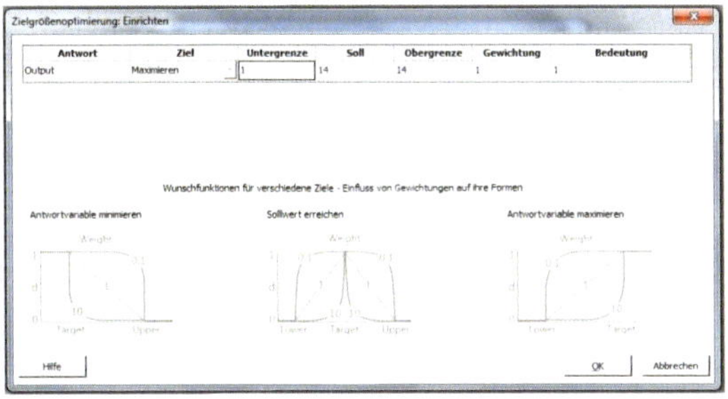

4. Schritt: Mittels Auswahl der Schaltfläche „Optionen“ können Nebenbedingungen, Konfidenzniveau und Typ festgelegt werden; mit „OK“ bestätigen.

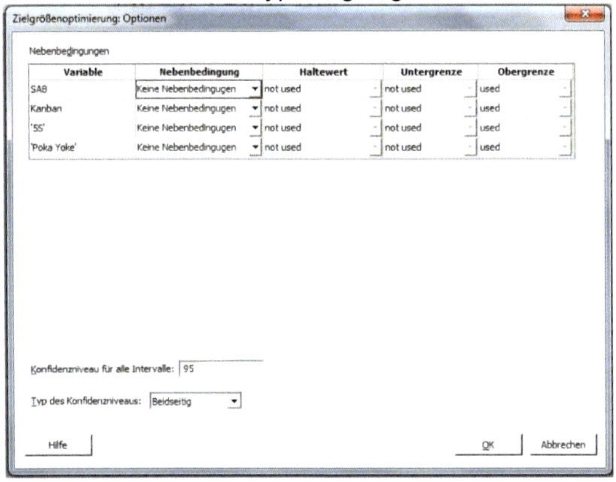

5. Schritt: Ggf. Auswahl der Ausgabe des Optimierungsdiagramms mit der Schaltfläche „Grafiken“; mit „OK“ bestätigen.

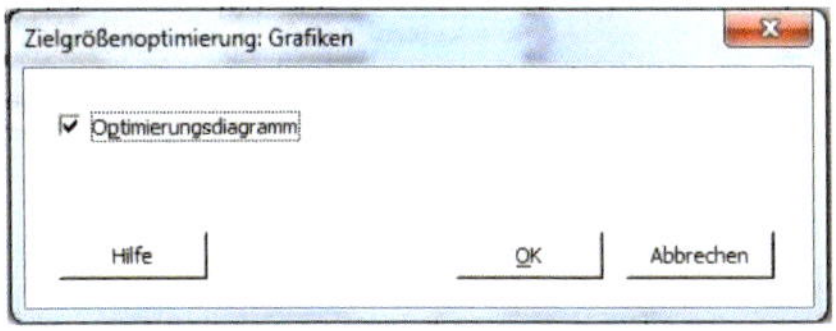

6. Schritt: Unter der Schaltfläche „Ergebnisse“ können weitere Einstellungen ausgewählt werden. Hier ist die Standardeinstellung verwendet worden. Anschließend mit „OK“ bestätigen.

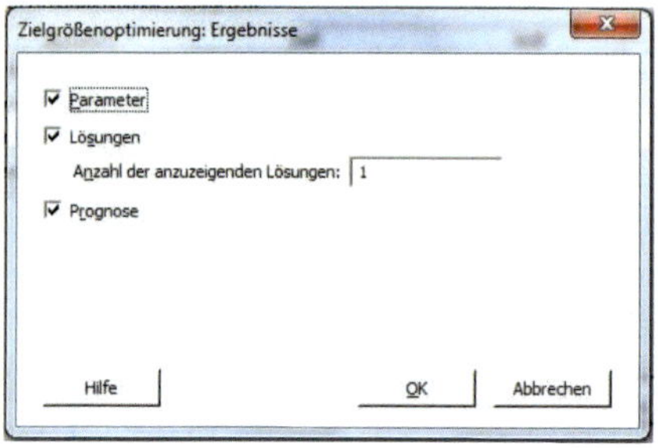

In der Reihe **Ergebnisse aus der Produktionstechnik** zuletzt erschienen:

Pötters, Patrick:
Bewertung von Prozess-optimierungsmethoden auf dem Shopfloor einer Serienmontage
ISBN: 978-3-86359-807-5
Erscheinungsdatum: 27.01.2020

Scheffler, Florian:
Zerspankräfte beim kontinuierlichen Wälzschleifen von Stirnradverzahnungen
ISBN: 978-3-86359-788-7
Erscheinungsdatum: 17.01.2020

Meiers, Bernd:
Piezobasierte Werkzeugtechnologie zur replikativen Herstellung abbildender Mikrooptiken aus Kunststoff
ISBN: 978-3-86359-803-7
Erscheinungsdatum: 14.01.2020

Lau, Felix:
Modell zur typenbasierten Gestaltung von firmeninternen Inkubatoren
ISBN: 978-3-86359-794-8
Erscheinungsdatum: 11.12.2019

Hassis, Alexander:
Untersuchung und Verbesserung des Kontaktverhaltens von Kegelrollenlagern bei hohen Drehzahlen
ISBN: 978-3-86359-775-7
Erscheinungsdatum: 22.11.2019

Ophey, Matthias:
Modellierung des Schleifschneckenprofilverschleißes beim kontinuierlichen Wälzschleifen
ISBN: 978-3-86359-777-1
Erscheinungsdatum: 08.11.2019

Pothen, Mario:
Modellbasierte, adaptive Prozessregelung für das Laserstrahlstrukturieren
ISBN: 978-3-86359-808-2
Erscheinungsdatum: 27.01.2020

Falker, Jens:
Analyse des Betriebsverhaltens von Hochgeschwindigkeits-Wälzlagern unter radialen Lasten
ISBN: 978-3-86359-799-3
Erscheinungsdatum: 17.01.2020

Groggert, Sebastian:
Steigerung der Prozessqualität des kundenindividuellen Auftrags-abwicklungsprozesses durch Data Analytics
ISBN: 978-3-86359-789-4
Erscheinungsdatum: 20.12.2019

Krömer, Markus:
Entstehung von Spanaufschweißungen beim Trockenwälzfräsen
ISBN: 978-3-86359-787-0
Erscheinungsdatum: 03.12.2019

Wellmann, Frederik:
Datengetriebene, kontextadaptive Produktivitätssteigerung von NC-Zerspanprozessen
ISBN: 978-3-86359-781-8
Erscheinungsdatum: 15.11.2019

von Cube, Philipp:
Model to Monetarily Aggregate Risks of Procurement to Support Decision Makers of Manufacturing Enterprises
ISBN: 978-3-86359-717-7
Erscheinungsdatum: 05.11.2019

Geradts, Peter:
NVH Optimization of Ground Bevel Gears
ISBN: 978-3-86359-772-6
Erscheinungsdatum: 30.10.2019

Witthohn, Carsten:
Konfiguration globaler Produktionsnetzwerke im Spannungsfeld von Kosten- und Risikominimierung
ISBN: 978-3-86359-767-2
Erscheinungsdatum: 30.10.2019

Nittinger, Johannes:
Automatisierte Bahnplanung für komplexe Bauteile und Prozesse
ISBN: 978-3-86359-753-5
Erscheinungsdatum: 07.10.2019

Kretschmer, Arne:
Modellierung des Schleifprozesses beim Einsatz von gummigebundenen Schleifscheiben
ISBN: 978-3-86359-742-9
Erscheinungsdatum: 05.09.2019

Rekers, Simon:
Correction of Systematic Errors in Piezoelectric Cutting Force Measurement
ISBN: ISBN 978-3-86359-747-4
Erscheinungsdatum: 30.08.2019

Schmidt, Simo:
Verteilte Mehrmassendämpfer für Werkzeugmaschinen
ISBN: 978-3-86359-754-2
Erscheinungsdatum: 29.08.2019

Kopp, Alexander:
Biokompatibilität plasma-elektrolytisch oxidierter Magnesiumwerkstoffe
ISBN: 978-3-86359-725-2
Erscheinungsdatum: 30.10.2019

Lung, Sven:
Erklärungsmodell für die spanende Bearbeitung von ausferritischen Gusseisen mit Lamellengraphit
ISBN: 978-3-86359-780-1
Erscheinungsdatum: 25.10.2019

Seimann, Martin:
Prädiktive Werkzeug- und Prozessauslegung für das Räumen von Nickelbasislegierungen mit Hartmetallwerkzeugen
ISBN: 978-3-86359-759-7
Erscheinungsdatum: 10.09.2019

Klatte, Michel:
Korrekturmodelle thermisch bedingter TCP-Verlagerungen mit Hilfe maschinen-integrierter Verformungssensoren
ISBN: 978-3-86359-760-3
Erscheinungsdatum: 05.09.2019

Berners, Thomas:
Anforderungsspezifische Lageregelung von Vorschubantrieben in Werkzeugmaschinen
ISBN: 978-3-86359-765-8
Erscheinungsdatum: 30.08.2019

Harnisch, Emely:
Two-Photon Polymerization on Metal Surfaces for Structuring Moulding Tools
ISBN: 978-3-86359-741-2
Erscheinungsdatum: 23.08.2019

Edition Wissenschaft
Apprimus

Kolibri 360 GmbH
Ferdinand-Jühlke-Straße 7
99095 Erfurt, Deutschland
produktsicherheit@kolibri360.de